Bibliothek des Radio-Amateurs 6. Band

Herausgegeben von Dr. Eugen Nesper

Stromquellen für den Röhrenempfang

(Batterien und Akkumulatoren)

Von

Dr. Wilhelm Spreen

Mit 61 Textabbildungen

Springer-Verlag Berlin Heidelberg GmbH 1924

ISBN 978-3-662-40556-7 ISBN 978-3-662-41035-6 (eBook)
DOI 10.1007/978-3-662-41035-6

Zur Einführung der Bibliothek des Radioamateurs.

Schon vor der Radioamateurbewegung hat es technische und sportliche Bestrebungen gegeben, die schnell in breite Volksschichten eindrangen; sie alle übertrifft heute bereits an Umfang und an Intensität die Beschäftigung mit der Radiotelephonie.

Die Gründe hierfür sind mannigfaltig. Andere technische Betätigungen erfordern nicht unerhebliche Voraussetzungen. Wer z. B. eine kleine Dampfmaschine selbst bauen will — was vor zwanzig Jahren eine Lieblingsbeschäftigung technisch begabter Schüler war — benötigt einerseits viele Werkzeuge und Einrichtungen, muß andererseits aber auch ein guter Mechaniker sein, um eine brauchbare Maschine zu erhalten. Auch der Bau von Funkeninduktoren oder Elektrisiermaschinen, gleichfalls eine Lieblingsbetätigung in früheren Jahrzehnten, erfordert manche Fabrikationseinrichtung und entsprechende Geschicklichkeit.

Die meisten dieser Schwierigkeiten entfallen bei der Beschäftigung mit einfachen Versuchen der Radiotelephonie. Schon mit manchem in jedem Haushalt vorhandenen Altgegenstand lassen sich ohne besondere Geschicklichkeit Empfangsresultate erzielen. Der Bau eines Kristalldetektorempfängers ist weder schwierig noch teuer, und bereits mit ihm erreicht man ein Ergebnis, das auf jeden Laien, der seine ersten radiotelephonischen Versuche unternimmt, gleichmäßig überwältigend wirkt: Fast frei von irdischen Entfernungen, ist er in der Lage, aus dem Raum heraus Energie in Form von Signalen, von Musik, Gesang usw. aufzunehmen.

Kaum einer, der so mit einfachen Hilfsmitteln angefangen hat, wird von der Beschäftigung mit der Radiotelephonie loskommen. Er wird versuchen, seine Kenntnisse und seine Apparatur zu verbessern, er wird immer bessere und hochwertigere Schaltungen ausprobieren, um immer vollkommener die aus dem Raum kommenden Wellen aufzunehmen und damit den Raum zu beherrschen.

Diese neuen Freunde der Technik, die „Radioamateure", haben in den meisten großzügig organisierten Ländern die Unterstützung weitvorausschauender Politiker und Staatsmänner gefunden unter dem Eindruck des universellen Gedankens, den das Wort „Radio" in allen Ländern auslöst. In anderen Ländern hat man den Radioamateur geduldet, in ganz wenigen ist er zunächst als staatsgefährlich bekämpft worden. Aber auch in diesen Ländern ist bereits abzusehen, daß er in seinen Arbeiten künftighin nicht beschränkt werden darf.

Wenn man auf der einen Seite dem Radioamateur das Recht seiner Existenz erteilt, so muß naturgemäß andererseits von ihm verlangt werden, daß er die staatliche Ordnung nicht gefährdet.

Der Radio-Amateur muß technisch und physikalisch die Materie beherrschen, muß also weitgehendst in das Verständnis von Theorie und Praxis eindringen.

Hier setzt nun neben der schon bestehenden und täglich neu aufschießenden, in ihrem Wert recht verschiedenen Buch- und Broschürenliteratur die „Bibliothek des Radioamateurs" ein. In knappen, zwanglosen und billigen Bändchen wird sie allmählich alle Spezialgebiete, die den Radioamateur angehen, von hervorragenden Fachleuten behandeln lassen. Die Koppelung der Bändchen untereinander ist extrem lose: jedes kann ohne die anderen bezogen werden, und jedes ist ohne die anderen verständlich.

Die Vorteile dieses Verfahrens liegen nach diesen Ausführungen klar zutage: Billigkeit und die Möglichkeit, die Bibliothek jederzeit auf dem Stande der Erkenntnis und Technik zu erhalten. In universeller gehaltenen Bändchen werden eingehend die theoretischen Fragen geklärt.

Kaum je zuvor haben Interessenten einen solchen Anteil an literarischen Dingen genommen, wie bei der Radioamateurbewegung. Alles, was über das Radioamateurwesen veröffentlicht wird, erfährt eine scharfe Kritik. Diese kann uns nur erwünscht sein, da wir lediglich das Bestreben haben, die Kenntnis der Radiodinge breiten Volksschichten zu vermitteln. Wir bitten daher um strenge Durchsicht und Mitteilung aller Fehler und Wünsche.

Dr. Eugen Nesper.

Vorwort.

Das vorliegende Büchlein soll den Radioamateur in allen Fragen, die die Speisung seiner Empfangsröhren betreffen, beraten, ihm den Weg weisen, wie er mit vorhandenen einfachen Mitteln einen schönen Erfolg erzielt. Der Entnahme des Stromes aus besonderen Batterien mußte naturgemäß die größte Aufmerksamkeit geschenkt werden. Da noch immer eine große Zahl von Amateuren sich der Lichtleitung trotz der Unwirtschaftlichkeit und der nie ganz zu beseitigenden Störungen zur Erzeugung der Anodenfeldspannung, in Ausnahmefällen wohl auch der Heizspannung, bedient und in Zeitschriften immerfort Abhandlungen erscheinen, die in ihrer Vielgestaltigkeit nur die Unvollkommenheit derartiger Anordnungen dartun, mußte auch auf diese Art der Stromentnahme etwas ausführlicher eingegangen werden, nicht etwa, um sie zu empfehlen, sondern um ihre Schwierigkeiten und Nachteile genügend darzutun und die Funkfreunde vor Enttäuschungen zu bewahren. Unter den Batterien nehmen naturgemäß die Akkumulatoren immer noch die erste Stelle ein, so daß nicht nur ihr Aufbau und ihre Wirkungsweise, sondern auch die beim Aufladen zu berücksichtigenden Momente einer eingehenden Behandlung bedurften. In neuster Zeit aber macht sich wegen des Überganges der Röhrenindustrie zu Lampen mit sehr geringer Heizstromstärke ein Umschwung zugunsten der Primärelemente bemerkbar, so daß bei Heizstromstärken unter 0,2 Amp. und unbequemer und teurer Ladegelegenheit eine Batterie aus Trockenelementen zu bevorzugen wäre, während in allen anderen Fällen der Akkumulator seine Stelle behaupten wird.

Oldenburg i. O., den 14. Juli 1924.

Dr. W. Spreen.

Inhaltsverzeichnis.

Einleitung.

In der Empfangstechnik spielt der Kristalldetektor nur noch eine untergeordnete Rolle. Immerhin hat er gegenüber den Elektronenröhren, die ihn verdrängt haben, einen nicht von der Hand zu weisenden Vorzug, das ist die Einfachheit in der Bedienung, die darin besteht, daß er keiner äußeren Stromquelle im Betriebe bedarf. Die Röhrenempfänger erfordern eine besondere Heiz- und Anodenspannung. Von der richtigen Wahl der beiden Spannungsquellen hängt die Güte des Empfangs in starkem Maße ab, und es kann daher dem Radioamateur, der nicht nur Wert darauf legt, überhaupt zu empfangen, sondern der auch einen schönen Empfang haben möchte, nicht genug empfohlen werden, auf diesen Umstand beim Experimentieren besonders zu achten.

Als wichtigste Stromquellen kommen für die Empfangstechnik Batterien in Frage, von denen hier darum zuerst und in der Hauptsache gesprochen werden soll (S. 2 bis 57). Daneben wird für beide Stromquellen oder für eine derselben gelegentlich wohl auch der Strom aus dem Lichtnetz entnommen, wobei die Einrichtungen davon abhängig sind, ob es sich um Gleich- oder Wechselstromanschluß handelt. Darüber findet der Leser auf S. 57 Aufschluß. Die Speisung durch eine eigens zu dem Zwecke bereit stehende kleine Dynamomaschine, die bei gewissen Frontempfängern im Kriege üblich war, dürfte kaum in Betracht kommen, so daß es sich erübrigt, auf diesen Fall einzugehen.

1. Allgemeine Grundlagen aus der Elektrizitätslehre.

Die aus den Batterien zu entnehmende elektrische Energie entsteht auf Kosten einer chemischen Umsetzung. Um diesen Vorgang zu erklären, untersuchen wir ihn zunächst in umgekehrter Richtung.

a) Elektrolyse der Säuren, Basen und Salze.

Wir legen einen Steinsalzwürfel *a* fest zwischen zwei Metallplatten *b* und *c* und verbinden diese durch einen Leitungsdraht nach Art der Abb. 1 mit den beiden Polen einer Elektrizitätsquelle *d*, etwa mit den Polen einer kleinen Dynamomaschine oder einer Batterie, vielleicht auch unter Zwischenschaltung eines ausreichenden Widerstandes (etwa 1000 Ohm, Lampenwiderstand) mit den Polen der Lichtleitung. Es zeigt sich dann, wovon man sich durch Einschalten eines Meßinstrumentes *e* überzeugen kann, daß kein nennenswerter Strom in der Leitung fließt. Das trockene Salz ist, wie man sagt, ein Nichtleiter oder Isolator. Ebenso läßt sich zeigen, daß konzentrierte Schwefelsäure (spez. Gewicht 1,83) den elektrischen Strom nicht leitet (Versuch 1).

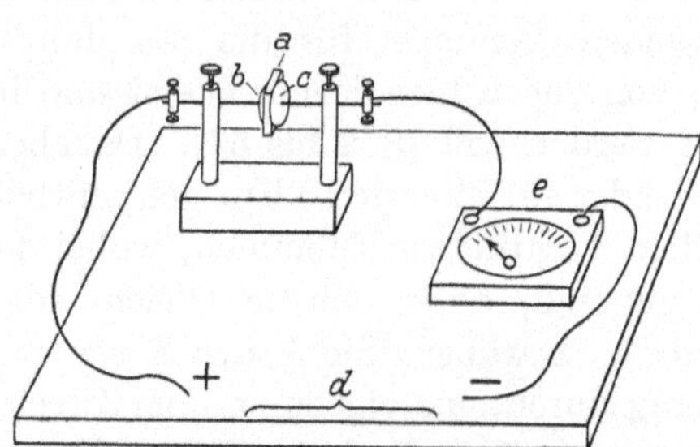

Abb. 1. Ein Steinsalzwürfel leitet den elektrischen Strom nicht.

Tauchen wir zwei Platinplatten *a* und *b*, die mit den beiden Polen derselben Elektrizitätsquelle *c* verbunden sind (Abb. 2), getrennt in destilliertes Wasser[1]), so bemerkt man ebenfalls,

[1]) Gewöhnliches Leitungswasser enthält im allgemeinen geringe Mengen verschiedener Salze, Säuren oder auch Basen und ist somit eine sehr schwache Lösung und infolgedessen ein mehr oder weniger guter Leiter.

daß kein Stromdurchgang erfolgt[1]); also auch das destillierte Wasser ist ein Nichtleiter (Versuch 2). So könnten wir noch eine Reihe anderer Flüssigkeiten, die uns hier aber nicht interessieren, als Nichtleiter nachweisen.

Löst man nun in dem destillierten Wasser den soeben als Nichtleiter erkannten Kochsalzwürfel auf, so kann man feststellen, daß nunmehr die Flüssigkeit leitend geworden ist (Abb. 2). Es ist mithin mit einem der beiden Körper oder auch mit beiden eine Veränderung vor sich gegangen. Dasselbe Resultat erhält man, wenn man das destillierte Wasser in Versuch 2 mit konzentrierter Schwefelsäure, die ja auch als Nichtleiter erkannt wurde, mischt. Läßt man z. B. durch einen Glasstab einen Tropfen konzentrierte Schwefelsäure in das destillierte Wasser in Abb. 2 fallen, so zeigt augenblicklich das Meßinstrument einen, wenn auch schwachen Strom an. Dieselbe Beobachtung, daß ein Körper im gelösten Zustande den elektrischen Strom leitet, während er im ungelösten Zustande ein Nichtleiter ist, macht man an drei Gruppen von Körpern, an den Basen, Säuren und Salzen; man nennt die den Strom leitenden Lösungen **Elektrolyte**. Wir haben somit den Erfahrungssatz: Die wässerigen Lösungen der Basen, Säuren und Salze, die Elektrolyte, leiten den elektrischen Strom.

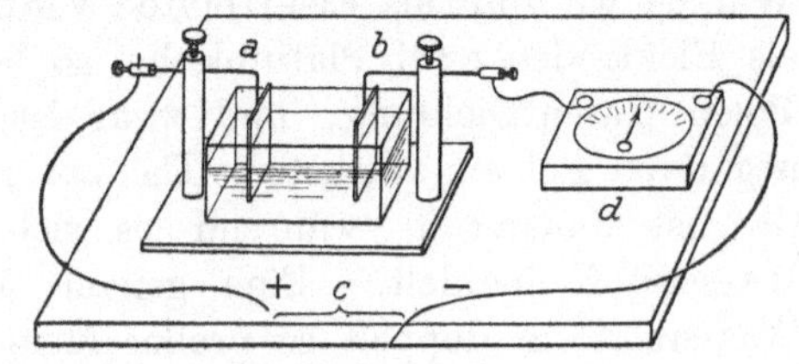

Abb. 2. Zersetzungszelle mit Platinelektroden.

Die soeben gekennzeichneten Flüssigkeiten, die Elektrolyte, die man wohl als Leiter zweiter Klasse bezeichnet, unterscheiden sich sehr wesentlich von den Leitern erster Klasse, den Metallen. Während z. B. durch einen Kupferdraht der elektrische Strom hindurchgeht, ohne die geringste nachweisbare Veränderung des Metalles zu hinterlassen, tritt beim Durchgang der Elektrizität durch einen Elektrolyten eine Zersetzung des gelösten Stoffes ein. Wir wollen das an einigen Beispielen, die uns im folgenden wichtige Dienste leisten, zu erläutern versuchen.

[1]) Genauen Messungen zufolge ist auch destilliertes Wasser ein ganz schwacher Leiter, woraus man schließt, daß es zu einem äußerst geringen Bruchteil in H- und OH-Ionen zerfallen ist.

In Abb. 2 ist eine Zersetzungszelle dargestellt, d. i. ein Glasgefäß, das mit einer elektrolytischen Lösung, in die zwei zur Aufnahme der hindurchzuschickenden Elektrizität bestimmte Metallplatten *a* und *b* eintauchen, gefüllt werden kann. Wir wollen die beiden Metallplatten, die also mit den Polen einer Gleichstromquelle *c* verbunden werden müssen, die Elektroden nennen. Wählen wir nun als Elektrolyten verdünnte Schwefelsäure und als Elektroden zwei Platinbleche, so beobachten wir an beiden Polen Gasentwicklung, und zwar ist die Gasentwicklung am negativen Pol am stärksten. Das am positiven Pol beobachtete Gas ist Sauerstoff, während es sich am negativen Pol um Wasserstoff handelt. Eine genaue Messung zeigt, daß der Wasserstoff in doppelt so großer Menge abgeschieden wird wie der Sauerstoff. Da das Wasser eine Verbindung der beiden Elemente Wasserstoff und Sauerstoff im Volumverhältnis 2 : 1 ist, bezeichnet man den soeben beschriebenen Versuch wohl als Zersetzung des Wassers. Daß es sich aber nicht um eine direkte Zersetzung des Wassers handelt, erfährt der Leser auf S. 6 und 7 (Versuch 3).

Wir nehmen in einem weiteren Versuch (Abb. 2) als Elektrolyten Kupfersulfat (Kupfervitriol) in wässeriger Lösung, als Elektroden wieder Platinbleche. Diesmal beobachten wir am negativen Pol Abscheidung von Kupfer (brauner Niederschlag), am positiven Pol Gasentwicklung. Das Gas ist wieder Sauerstoff (Versuch 4).

Ähnliche Ergebnisse bekommen wir bei den anderen Elektrolyten; immer tritt eine Zersetzung ein, immer scheidet sich am negativen Pol bei den Säuren Wasserstoff, bei den Basen und Salzen ein Metall ab[1]), während am positiven Pol ein anderer Bestandteil des Elektrolyten zur Abscheidung kommt.

---

[1]) Als Basen bezeichnet man Verbindungen der Metalle mit der sogenannten Hydroxylgruppe (OH-Gruppe); sehr oft entstehen diese Verbindungen durch Auflösung eines Metalloxyds in Wasser. Die Salze sind chemische Verbindungen eines Metalls mit einem Säurerest; sie entstehen nämlich durch Auflösung eines Metalls in einer Säure.

Nicht immer tritt bei der Elektrolyse einer Base oder eines Salzes am negativen Pol das Metall auf; es findet zuweilen Zersetzung des Wassers durch das Metall statt, und es gelangt dann Wasserstoff zur Abscheidung. Diese als sekundär bezeichneten Vorgänge treten bei den Alkalimetallen (Natrium, Kalium) ein.

Wir gewinnen aus diesen Versuchen den zweiten Erfahrungssatz, der den ersten ergänzt: Die wässerigen Lösungen der Basen Säuren und Salze werden beim Durchgang des elektrischen Stromes zersetzt, und zwar scheidet sich am negativen Pol Wasserstoff oder ein Metall ab.

b) Wissenswertes aus der Ionentheorie.

Diese Vorgänge erklärt man heute allgemein durch die Ionentheorie, deren Grundzüge zum besseren Verständnis des Folgenden hier kurz mitgeteilt werden sollen. Danach sind die Moleküle[1]) des Elektrolyten (etwa der Schwefelsäure in Beisp. 3 und des Kupfersulfats in Beisp. 4) in wässeriger Lösung zum Teil in Atome oder Atomgruppen mit elektrischen Ladungen zerfallen. Die Schwefelsäure, deren Zusammensetzung in der Chemie durch die Formel H_2SO_4 angegeben wird, ist in wässeriger Lösung (d. h. im verdünnten Zustande) zu einem bestimmten Bruchteil zerfallen in positiv elektrische Wasserstoffatome und einen negativ elektrischen Rest, den sogenannten Säurerest (SO_4-Rest). Beim Kupfersulfat, das die Formel $CuSO_4$ hat, nehmen wir ein positiv elektrisches Kupferatom und einen negativen Rest SO_4 an, der genau mit dem Säurerest des vorigen Beispiels identisch ist. Die beiden elektrisch nicht neutralen Teile, in die ein bestimmter Bruchteil der Moleküle des Elektrolyten im verdünnten Zustande ganz von selbst[2]) zerfällt, heißen Ionen (Einzahl: das Ion), d. i. die Wandernden. Die positiven Ionen werden Kationen, die negativen Anionen genannt. Die Schwefelsäure zerfällt also in H-Ionen und SO_4-Ionen, oder in Wasserstoffionen und Säurerestionen. Die Kationen der Kupfersuflatlösung sind die Cu-Ionen, die Anionen wieder die SO_4-Ionen.

Die Ionen sind nicht zu verwechseln mit den entsprechenden Atomen; der Wasserstoff ist ein Gas, das zwar in geringem Maße im Wasser löslich ist, aber doch ganz andere Eigenschaften hat als das Wasserstoffion, das Metall Cu sieht braun aus,

[1]) Man nimmt an, daß die Elemente aus sehr kleinen Teilchen bestehen, welche sowohl mechanisch als auch chemisch nicht mehr weiter teilbar sind, und nennt dieselben Atome. Die Atome können sich nach ganz bestimmten festen Zahlverhältnissen verbinden und bilden dann die Moleküle, die Bausteine der materiellen Welt.

[2]) Die ältere Theorie (Grotthus) nahm an, daß der elektrische Strom die Trennung bewirke, heute sieht man die Dissoziation als eine Eigenschaft des Lösungsmittels an.

während die Cu-Ionen die Blaufärbung der Lösung bewirken; eine Verbindung SO_4 gibt es nicht, wohl aber das SO_4-Ion[1]).

Taucht man in einen teilweise in Ionen zerfallenen Elektrolyten zwei Platinbleche und schließt an das eine den positiven, an das andere den negativen Pol einer Elektrizitätsquelle (Abb. 2), so werden die in der Nähe des positiven Platinbleches vorhandenen Anionen, die ja negative Ladung haben, angezogen, die Kationen abgestoßen. Der umgekehrte Vorgang findet am negativen Pol statt. Dort werden also die negativen Anionen abgestoßen, während die Kationen angezogen werden. Wir wollen zur Erleichterung der Ausdrucksweise dem allgemeinen Brauche folgend die positive Elektrode Anode, die negative Kathode nennen. Die Anionen (SO_4-Ionen, Säurerest-Ionen, OH-Ionen) wandern also zur Anode, die Kationen (Wasserstoffionen, Metallionen) zur Kathode. An den beiden Elektroden tritt nun der Ausgleich oder die Neutralisation durch die von der Elektrizitätsquelle gelieferte Elektrizität ein. Die negative Ladung der Anionen wird durch die positive Elektrizität, die von der Elektrizitätsquelle beständig zur Anode fließt, ausgeglichen, und es bleiben die neutralen Atome zurück, ähnlich an der Kathode, so daß auch hier neutrale Atome oder, soweit sie für sich beständig sind, Atomgruppen abgeschieden werden. Was wir also an den Elektroden schließlich beobachten, sind nicht die Ionen, sondern die entsprechenden neutralen Atome.

Wir wollen die beiden Versuche (3 und 4 S. 4) noch einmal unter Zugrundelegung der soeben gewonnenen Vorstellungen betrachten. Die Schwefelsäure (Vers. 3 auf S. 4) ist in positive H-Ionen und negative SO_4-Ionen zum Teil zerfallen. Die Lösung besteht daher aus Wassermolekülen, nicht in Ionen zerfallenen Schwefelsäuremolekülen, H-Ionen und einer entsprechenden Anzahl von SO_4-Ionen, was durch die Symbolik der Chemie etwa folgendermaßen wiedergegeben werden kann:

$$H_2O + H_2SO_4 + 2\,H^+ + SO_4^{--}.$$

[1]) Man unterscheidet Ionen und Moleküle, bzw. Atome darum auch in der Schreibweise. Um anzudeuten, daß es sich um ein Ion handelt, setzt man die Zahl der negativen oder positiven Ladungseinheiten, die man dem Ion zuschreibt, oben rechts an das chemische Symbol. Es bedeutet also H^+ = Wasserstoffion, Cu^{++} = Kupferion, SO_4^{--} = Sulfation, OH^- = Hydroxylion, während die neutralen Atome ohne +- und —-Zeichen geschrieben werden.

Der Stromdurchgang besteht nun in einer Wanderung der H-Ionen zur Kathode und der Anionen zur Anode. An den beiden Elektroden findet Neutralisation statt, so daß am negativen Pol freier Wasserstoff entweicht, während an der Anode die Atomgruppe SO_4 zerfällt in O (= Sauerstoff) und SO_3 (= Schwefeltrioxyd), welch letzteres sich mit Wasser wieder vereinigt zu Schwefelsäure. Es findet hier an der Anode ein sekundärer Vorgang statt, was immer dann eintritt, wenn die Atomgruppe, die sich abscheidet, nicht selbständig bestehen kann.

Ebenso ist Kupfervitriol (Vers. 4 auf S. 4) in verdünnter Lösung stets zum Teil in Ionen zerfallen, und zwar in Cu-Ionen als Kationen und SO_4-Ionen als Anionen. Am negativen Pol gehen die Cu-Ionen durch Abgabe der Ladung in metallisches Kupfer über (brauner Niederschlag), an der Anode verläuft der Vorgang genau wie im vorigen Beispiel.

Die Spaltung der Moleküle eines Elektrolyten in Ionen heißt Dissoziation. Unter dem Dissoziationsgrad versteht man das Verhältnis der Zahl der gespaltenen Moleküle zur Zahl der überhaupt vorhandenen. Er ist bei den einzelnen Elektrolyten unter sonst gleichen Bedingungen verschieden und hängt außerdem in jedem Falle von dem Grade der Verdünnung ab. Bei zunehmender Verdünnung nähert er sich dem Höchstwert 1, d. h. bei sehr großer Verdünnung sind alle Moleküle in Ionen zerfallen. Die Leitfähigkeit [1]) eines Elektrolyten hängt unter sonst gleichen Voraussetzungen von der Zahl der in der Raumeinheit vorhandenen Ionen ab. Die Leitfähigkeit steigt daher zuerst bei zunehmender Verdünnung noch an, muß dann aber bald einen Höchstwert erreichen, da von dem Verdünnungsgrade an, bei dem alle Moleküle dissoziiert sind, die Zahl der Ionen in der Raumeinheit bei weiterer Verdünnung abnimmt. Bei Schwefelsäure hat die Leitfähigkeit bei 30,5% den größten Wert.

Die in der Zeiteinheit abgeschiedene Stoffmenge ist der Stromstärke proportional. In der Elektrotechnik wird die Einheit der Stromstärke direkt definiert als diejenige Stromstärke, durch die in einer Sek. aus einer Silbernitratlösung 1,118 mg Silber ausgeschieden werden. Es besteht also zwischen der durch den

[1]) Unter der spezifischen Leitfähigkeit versteht man den umgekehrten Wert des spezifischen Widerstandes, also den Wert $\frac{1}{\varrho}$, wenn ϱ den spezifischen Widerstand bedeutet.

Leiterquerschnitt fließenden Elektrizitätsmenge und dem abgeschiedenen Stoff ein ganz bestimmtes Verhältnis[1]).

c) Die Polarisation.

Es gibt nun einige Tatsachen, die scheinbar im Widerspruch mit der eben entwickelten Theorie stehen. Nach dem bis jetzt Gesagten sollte man annehmen, daß immer, auch bei kleinen Spannungen, eine Zersetzung des Elektrolyten stattfindet. Legt man aber an die beiden Elektroden einer Zersetzungszelle, etwa an die beiden Platinbleche der Zelle in Abb. 3, eine Spannung von nur einem Volt, so findet scheinbar keine Gasentwicklung an den beiden Elektroden statt. Bei genauerer Beobachtung und Messung findet man zwar, daß anfangs ein ganz schwacher Strom fließt und demnach eine ganz geringe Gasentwicklung vorhanden ist, die aber bald vollständig aussetzt. Der Strom sinkt auf Null.

Die Erscheinung erklärt sich aus dem Bestreben der an den Elektroden abgeschiedenen Stoffe, als Ionen wieder in Lösung zu gehen. Wie überall in der Natur hat auch hier jede Wirkung ihre Gegenwirkung. Es wird daher zunächst, entsprechend unseren Ausführungen auf S. 4, an der Kathode Wasserstoff, an der Anode Sauerstoff abgeschieden. Beide Stoffe haben aber das Bestreben, als Ionen wieder in Lösung zu gehen. Der Wasserstoff an der Kathode sucht also wieder in den Ionenzustand überzugehen und in Form von positiven Wasserstoffionen in die Lösung zurückzutreten, wobei die negative Ladung[2]), die zu einer Neutralisation

---

[1]) Diese gesetzmäßige Beziehung ist durch die beiden Gesetze von Faraday, die ganz mit der Ionentheorie in Übereinstimmung sind, zum Ausdruck gebracht. Sie lauten:

1. Gesetz von Faraday. Die an einer Elektrode abgeschiedene Stoffmenge ist der durch den Elektrolyten hindurchgegangenen Elektrizitätsmenge proportional.

2. Gesetz von Faraday. Die durch einen elektrischen Strom in gleichen Zeiten bei gleicher Stromstärke aus mehreren Elektrolyten abgeschiedenen Stoffmengen verhalten sich wie die chemischen Äquivalentgewichte.

[2]) Diese negative Ladung rührt von den Elementarquanten der Elektrizität, den Elektronen, her. Nach der Elektronentheorie besteht jedes Atom irgendeines Elements aus einem positiv elektrischen Kern, der von einer durch das Atomgewicht bestimmten Anzahl von Elektronen umgeben ist. Ein Atom, das die ihm zukommende Elektronenmenge enthält, ist neutral. Die Anionen haben ein oder mehrere Elektronen im Überschuß, den Kationen fehlen Elektronen, so daß sie solche aufnehmen kön-

gedient hat, auf der Kathode zurückbleibt. Der von der Stromquelle in die Kathode geschickten negativen Elektrizität wirkt die durch das Ionisierungsbestreben des Wasserstoffs nach der Kathode gedrängte negative Ladung entgegen. Genau so ist es an der Anode, an der der Sauerstoff mit den SO_3-Molekülen negativ elektrische SO_4-Ionen zu bilden und in Lösung zu schicken sucht. Die an den Elektroden abgeschiedenen Stoffe erzeugen somit gleichsam eine Gegenspannung oder gegenelektromotorische Kraft, und diese ist es, die den in die Zelle geschickten Strom zum Verschwinden bringt. Man nennt die hier angeführte Erscheinung Polarisation und die durch sie erzeugte Gegenspannung Polarisationsspannung.

In dem von uns angeführten Beispiel bringt die Polarisation den Strom zum Verschwinden, solange die angelegte Spannung unter 1,48 Volt bleibt. Geht man darüber hinaus, so hört die Gasentwicklung an den Elektroden nicht mehr auf, wird allerdings geringer. Hieraus muß man schließen, daß die Polarisationsspannung den immerhin beträchtlichen Wert von 1,48 Volt hat. Für die Zersetzung des Elektrolyten kommt daher nur die um 1,48 Volt verminderte Spannung der Elektrizitätsquelle in Betracht. Ist allgemein die angelegte Spannung E, Polarisationsspannung E_p, so ist die für die Zersetzung in Frage kommende Spannung $E - E_p$.

Wir schalten nun, wie in der Anordnung in Abb. 3, die sonst mit Abb. 2 übereinstimmt, vorgesehen, die Stromquelle durch den Umschalter *e* ab und legen statt dessen ein Voltmeter *d* an die Elektroden. Wie hoch wir auch die Spannung der Stromquellen wählen, das Voltmeter zeigt jedesmal nach dem Umschalten eine Spannung von 1,48 Volt an. Durch diesen Versuch gelingt es also, die Polarisationsspannung zu messen.

Polarisationsspannung tritt in allen bisher betrachteten Zersetzungszellen auf. Sie tritt aber nicht ein, wenn man dafür sorgt, daß die abgeschiedenen Stoffe chemisch gebunden

---

nen, also positive Ladung zeigen. Die Zahl der bei den Kationen fehlenden oder bei den Anionen im Überschuß vorhandenen Elektronen gibt die Wertigkeit des betreffenden Ions an, die man in der Schreibweise (vgl. S. 6, Fußnote) durch die Zahl der angehängten +-Zeichen, oder —-Zeichen andeutet. Der elektrische Strom ist nach dieser Theorie nur ein Transport von Elektronen durch die Leitung vom negativen zum positiven Pol.

und unwirksam gemacht werden. Mittel, die diesem Zwecke dienen, heißen Depolarisatoren.

Als Depolarisator ließe sich in dem betrachteten Beispiel doppeltchromsaures Kali verwenden, das der Schwefelsäure bei-

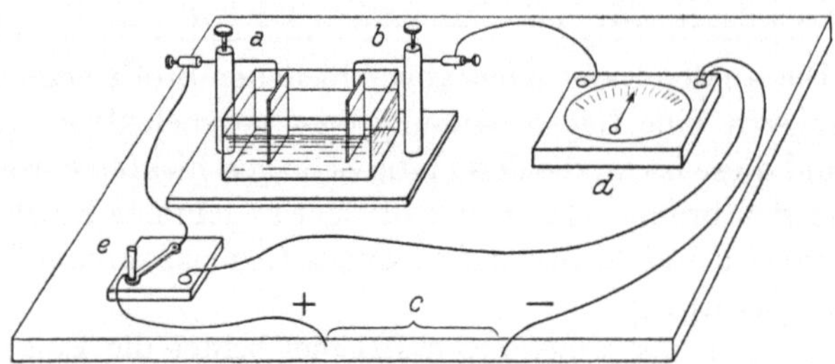

Abb. 3. Apparatur zur Demonstration der Polarisation.

zumengen wäre. Die entstehende Dichromsäure wird durch den Wasserstoff an der Kathode zu Chromsäure reduziert, was an der eintretenden Grünfärbung zu erkennen ist. Auch Salpetersäure würde sich dazu eignen, da sie Sauerstoff abgeben kann, der sich mit dem Wasserstoff zu Wasser verbindet.

2. Galvanische Elemente und Akkumulatoren.

Die im ersten Kapitel gewonnenen Resultate sind die Grundlage der galvanischen Elemente und der Akkumulatoren. Im Prinzip bestehen beide aus einem Elektrolyten (wässerige Lösung einer Base, einer Säure, eines Salzes), in den die beiden Elektroden hineingestellt sind. Es würde zu weit führen, die Elemente hier einigermaßen vollständig aufzuführen und zu erläutern; nur einige wenige, an denen gewisse allgemeine Gesichtspunkte deutlich in die Augen springen, sollen hier Platz finden.

a) Einige wichtige Primärelemente.

Das einfachste galvanische Element ist der Voltasche Becher, den man erhält, wenn man in verdünnte Schwefelsäure eine Kupfer- und eine Zinkplatte (*a* und *b*) hineinstellt (Abb. 4) und die aus der Flüssigkeit hervorragenden Enden der Metalle mit je einer Klemmschraube zum Anbringen der Leitung versieht. Bei diesem Element fällt uns die starke Gasentwicklung am Kupfer auf. Die Prüfung mit einem Voltmeter überzeugt uns, daß der Strom außerhalb des Elements vom Kupfer zum Zink fließt; in der Flüssigkeit ist die Stromrichtung daher vom Zink zum Kupfer, d. h. die Kupferplatte ist Kathode, die Zinkplatte Anode. Es findet eine Zersetzung der Schwefelsäure wie auf S. 4 statt, wobei der Wasserstoff sich am Kupfer absetzt, während der Säurerest, das SO_4-Ion, zum Zink wandert und sich mit ihm zu Zinksulfat $ZnSO_4$ verbindet.

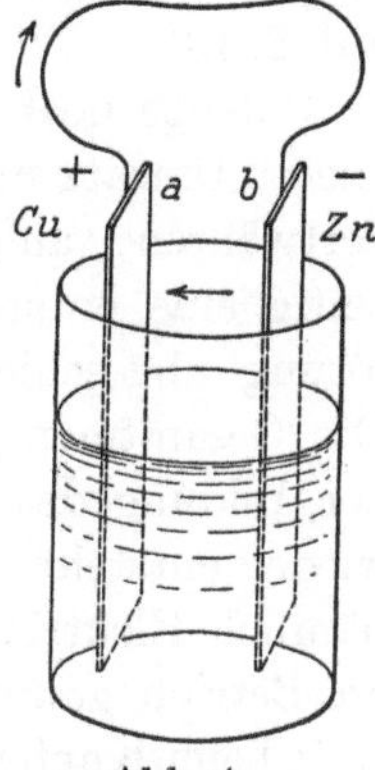

Abb. 4. Voltascher Becher.

Wir bemerken ferner, daß die Spannung, die anfangs 1,8 Volt war, rasch sinkt, was sich durch das Bestreben des Wasserstoffs an der Kupferplatte, wieder als Ion in Lösung zu gehen, erklärt. Daher leidet der Voltasche Becher an einer Inkonstanz der Spannung, hervorgerufen durch die Polarisation; er hat deshalb für die Technik keine Bedeutung.

Aus dem Voltaschen Becher hat sich geschichtlich das Daniellelement entwickelt. In ein Glasgefäß ist ein Tonzylinder *a* hineingestellt (Abb. 5), durch den das Gefäß in zwei Teile geteilt wird. Der eine Teil enthält den Zinkstab *b* in verdünnter Schwefelsäure oder auch wohl in Zinksulfat, der andere die Kupferelektrode *c* in einer konzentrierten Lösung aus Kupfersulfat (einige in die Flüssigkeit hineingeworfene überschüssige Kristalle bewirken, daß die Lösung immer konzentriert bleibt). Werden die aus den Flüssigkeiten hervorragenden Enden der Elektroden leitend verbunden, so fließt der elektrische Strom vom Kupfer zum Zink. Im Element selbst ist demnach das Zink Anode, das Kupfer Kathode. Für die Schwefelsäure tritt der Strom durch die Zinkplatte ein, und hier muß sich darum der SO_4-Rest abscheiden, während die H-Ionen sich an der Tonzelle absetzen. Diese ist nun wieder Stromeintrittsstelle für das Kupfersulfat, und es muß hier der SO_4-Rest der Kupfersulfatlösung zur Abscheidung kommen, der sich dann durch die poröse Tonzelle hindurch mit den Wasserstoffionen aus der

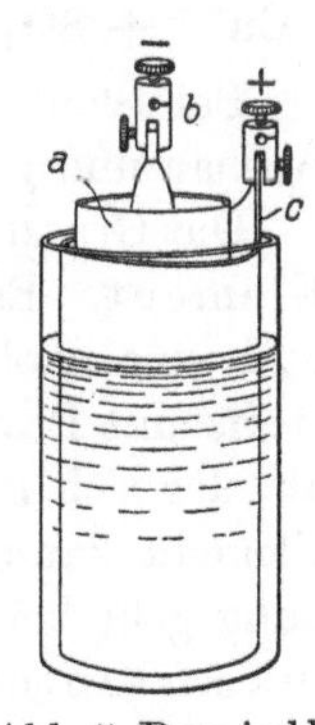

Abb. 5. Daniell-Element.

Schwefelsäurelösung wieder zu Schwefelsäure vereinigt. Das Cu-Ion setzt sich auf dem Kupfer ab. Es findet also Auflösung von Zink auf der Zinkplatte und entsprechende Ablagerung von Kupfer auf der Kupferelektrode statt (vgl. auch die Anmerkung auf S. 13).

Solange noch Zink und Kupfervitriol vorhanden sind, dauert dieser Umsatz und seine Folge, der elektrische Strom; Zink wird fortwährend aufgelöst, wobei Zinkvitriol entsteht, und gleichzeitig eine entsprechende Menge Kupfer aus der Kupfersulfatlösung abgeschieden und auf der Kupferelektrode abgelagert. Die Gesamtmenge der Schwefelsäure bleibt dieselbe, da die bei der Bildung des Zinksulfats verbrauchte aus dem Kupfersulfat wieder entsteht. Diese Vorgänge sind umkehrbar. Leiten wir nämlich Elektrizität aus einer anderen Elektrizitätsquelle in ein im Betrieb gewesenes Daniellelement, daß die positive Elektrizität beim Kupfer eintritt, beim Zink wieder austritt, so verbindet sich der Schwefelsäurerest mit dem Kupfer zu Kupfervitriol, der Wasserstoff wandert zum Zink und fällt aus der umgebenden Lösung von Zinksulfat Zink aus unter Bildung von Schwefelsäure. Die chemischen Vorgänge sind in den folgenden Gleichungen angegeben:

$$Cu^{++} + SO_4^{--} = CuSO_4; \quad 2\,H^{+} + ZnSO_4 = Zn^{++} + H_2SO_4.$$

Bei allen anderen Elementen haben wir einen ganz ähnlichen Aufbau und ganz ähnliche Erscheinungen.

Die Grundlage der Trockenelemente bildet das Leclanché-Element. Es enthält eine Salmiaklösung, eine Zinkelektrode und eine Kohleelektrode, die zur Depolarisation des Wasserstoffs mit Braunstein[1]) umgeben ist (Braunstein gibt Sauerstoff ab, der sich mit dem Wasserstoff zu Wasser verbindet). Dieses Element kann nur schwache Ströme hergeben, und seine Spannung geht bei Stromabgabe rasch herunter, so daß es zu den inkonstanten Elementen gehört; im Ruhezustande erholt es sich aber bald wieder. Es hat weiter den Vorzug, daß die Salmiaklösung das Zink nur solange angreift, wie Strom entnommen wird.

Um die Gefahr des Verschüttens der Salmiaklösung zu beseitigen, füllt man das Element mit einer porösen Masse, die die Flüssigkeit aufsaugt. Die beliebtesten dieser Mittel sind

---

[1]) Gewöhnlich in einem Beutel aus feinem Baumwollstoff untergebracht.

Gips, Sägespäne, Mehl, Kleister, Kieselgur usw. Derartige Elemente werden Trockenelemente genannt, obgleich bemerkt werden muß, daß es wirklich „trockene" Elemente gar nicht geben kann. Die Fabrikanten umgeben die Herstellung solcher Elemente meistens mit einer ganz unverständlichen Geheimniskrämerei, die durch die für die Fabrikate gewählten Namen noch erhöht wird.

b) Sekundärelemente oder Akkumulatoren.

In jedem Element spielt sich bei Stromentnahme ein Vorgang ab, der in einer ganz bestimmten Richtung verläuft[1]). Beim Daniellelement z. B. bestand dieser Vorgang in der Auflösung des Zinks und in dem Niederschlag des Kupfers auf der Kupferelektrode. Bei einigen Elementen nun kann man diesen Vorgang dadurch wieder rückgängig machen, daß man Strom in umgekehrter Richtung aus einer anderen Stromquelle hindurchschickt. Das ist, wie wir auf S. 12 gesehen haben, auch beim Daniellelement der Fall. Man nennt ein Element der bezeichneten Art allgemein einen Akkumulator.

α) Erklärung der Wirkung des Bleiakkumulators.

Um die Wirkungsweise des Bleiakkumulators zu verstehen, gehen wir von einem Versuch aus. Wir denken uns eine Zersetzungszelle von der Art, wie wir sie in den Abb. 2 u. 3 gebraucht haben, füllen sie mit Schwefelsäure und wählen als Elektroden zwei Bleiplatten. Nunmehr schicken wir aus der Gleichstromquelle *c* einen elektrischen Strom durch die Zelle, der in den

[1]) Nach Nernst besitzt jedes Metall gegenüber einer Säure eine bestimmte Lösungstension, d. h. ein gewisses Bestreben, Ionen in die Flüssigkeit zu schicken, während umgekehrt den Salzlösungen mehr oder weniger stark ausgeprägt das Bestreben eigen ist, die Metallionen auszuscheiden; man nennt die hier wirkende Kraft den osmotischen Druck der Flüssigkeit. In dem Daniellelement sendet nun das Zink positive Ionen in Lösung und lädt sich dadurch, da die Elektronen auf dem Metall zurückbleiben, negativ elektrisch auf. Da andrerseits das Kupfersulfat seine positiven Cu-Ionen nach der Kupferelektrode drängt, wird diese positiv geladen. In beiden Fällen aber tritt bald wegen der auftretenden Gegenkräfte ein Stillstand ein. Werden aber die beiden Elektroden durch einen leitenden Draht verbunden, so wird der Vorgang, solange die beteiligten Stoffe noch nicht verbraucht sind, immer in der bezeichneten Richtung ablaufen.

Abbildungen also von *a* nach *b* fließt. Wir wissen aus früheren Ausführungen, daß die Anionen der Schwefelsäure zur Anode, also zur Platte *a* wandern, während die Kationen sich am —-Pol absetzen. Welche Vorgänge spielen sich nun an den Elektroden ab? Hätten wir Platinelektroden wie in Abb. 2 u. 3, so würde sich am +-Pol Sauerstoff, am —-Pol Wasserstoff entwickeln. Hier kommt es nun aber gar nicht zur Abscheidung dieser Stoffe. Unter der Einwirkung der Schwefelsäure überziehen sich die Bleielektroden mit einer dünnen Schicht von Bleisulfat oder $PbSO_4$. Am +-Pol (Anode) wirkt nun der sich bei der Elektrolyse hier absetzende Säurerest SO_4 auf das Bleisulfat ein, und es bilden sich Bleisuperoxyd und Schwefelsäure unter Aufnahme von Wasser. Der Vorgang verläuft nach der Gleichung

Platte *a*: $PbSO_4 + SO_4 + 2\,H_2O = PbO_2 + 2\,H_2SO_4$.
Bleisulfat + Säurerest + Wasser = Bleisuperoxyd + Schwefelsäure

Am —Pol dagegen reduziert der Wasserstoff das Bleisulfat, indem er sich mit dem Sulfatrest zu Schwefelsäure vereinigt nach der Gleichung

Platte *b*: $PbSO_4 + H_2 = Pb + H_2SO_4$.
Bleisulfat + Wasserstoff = Blei + Schwefelsäure

Das ist auch äußerlich erkennbar; die Anode färbt sich durch Bleisuperoxyd bald braun, während die Kathode grau wird.

Nach einigen Minuten schalten wir die Stromquelle ab und legen nun zwischen die beiden Elektroden (Abb. 3) ein Voltmeter *d*. Das zeigt jetzt die Spannung von 2 Volt an. und zwar fließt der Strom in dem so erhaltenen Element außen von der Platte *a* nach *b*, also in entgegengesetzter Richtung. Nach kurzer Zeit geht der Zeiger des Meßinstrumentes zurück; in dem Maße verschwindet auch die braune Farbe der Platte *a*. Auch hier hat somit die Stromerzeugung eine chemische Begleiterscheinung. In der Flüssigkeit ist Platte *b* Stromaustrittsstelle oder Anode; hier scheidet sich daher der SO_4-Rest ab, während der Wasserstoff an Platte *a* zur Abscheidung kommt. Auf der Platte *b* verbindet sich demnach Blei mit dem Säurerest zu Bleisulfat, dagegen reduziert der Wasserstoff, der an Platte *a* sich abscheidet, das Bleisuperoxyd zu Bleioxyd, das nun mit Schwefelsäure sich unter Ausscheidung von Wasser zu Bleisulfat umsetzt, so daß der Ausgangszustand auf beiden Platten wieder hergestellt ist.

Wir fassen die Vorgänge noch einmal zusammen:

Platte *a*: $PbO_2 + H_2 + H_2SO_4 = PbSO_4 + 2\,H_2O$.
Bleisuperoxyd + Wasserstoff + Schwefelsäure = Bleisulfat + Wasser

Platte *b*: $Pb + SO_4 = PbSO_4$.
Blei + Säurerest = Bleisulfat

β) Aufbau des Bleiakkumulators.

Die jetzt gebräuchlichen Akkumulatoren unterscheiden sich von der soeben beschriebenen Zelle nur durch die Art, wie die wirksame Masse — das schwammige Blei und das poröse Bleisuperoxyd — auf den Platten erzeugt und festgehalten wird. Der Erfinder des Bleiakkumulators, Gaston Planté, gewann den wirksamen Überzug der Platten durch das sogenannte Formieren, d. h. durch fortgesetztes Laden und Entladen. Zunächst wurde ein elektrischer Strom in beliebiger Richtung durch die Zelle, die als Elektroden zwei Bleiplatten in verdünnter Schwefelsäure enthielt, geschickt. Darauf wurden die Bleiplatten durch einen Widerstand leitend verbunden, die Zelle wurde entladen. Hierauf lud man sie in entgegengesetzter Richtung als zum ersten Male usw. Durch dieses fortgesetzte Laden und Entladen, das man Monate lang fortsetzte, wurde die wirksame Schicht immer dicker, was sich darin äußerte, daß der Vorgang der Aufladung, d. h. der Verwandlung des Bleisulfats durch den elektrischen Strom an der einen Platte in Bleisuperoxyd, an der anderen in Bleischwamm, wie auch der umgekehrte Vorgang der Entladung, immer länger dauerte. Dieses Verfahren, das auch für den Radioamateur, der sich einen Akkumulator selbst herstellen will (S. 50), ausführbar ist, wird heute in der Technik nicht mehr angewandt, da es zu kostspielig und wenig ergiebig ist.

Das sehr teure und langwierige Formieren der Elektroden kann man dadurch umgehen, daß man in die Maschen gitterförmiger Bleiplatten feinverteiltes Blei oder Bleiverbindungen oder auch Gemische aus diesen, für sich oder gemischt mit Schwefelsäure oder auch wohl von Stoffen, welche zur Bindung der breiigen oder pulverförmigen Massen dienen, einstreicht oder einpreßt. Das gitterartige Skelett der Platte besteht aus Blei oder einer sehr widerstandsfähigen Bleilegierung und wird von der Säure kaum angegriffen. Eine einzige Ladung und Entladung genügt jetzt, um den Umwandlungsprozeß in aktive

Masse durchzuführen. An und für sich ist es ganz gleichgültig, welche von den oben genannten Füllmassen man verwendet, und ob für die positiven Platten andere Füllmassen verwandt werden als für die negativen. Hierfür sind lediglich praktische Gesichtspunkte maßgebend.

Heute sind in der Hauptsache zwei Formen von Platten im Gebrauch. Zellen für rasche Ladung und Entladung erhalten als + -Platten sogenannte Großoberflächenplatten (Abb. 6) und als —-Platten Gitter-Bleischwammplatten. Die große Oberfläche der + -Platten wird dadurch erreicht, daß man eine Bleiplatte mit sehr tiefen Rillen versieht. Die einzelnen Fabriken führen die Formierung nach besonderen Verfahren, die meistens darin bestehen, daß man an Stelle der Formierungsschwefelsäure gewisse Salzlösungen verwendet oder der Schwefelsäure Salze zusetzt, in wenigen Tagen durch.

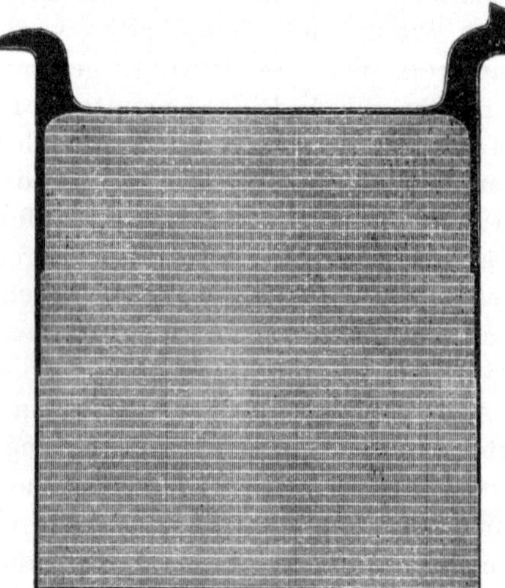

Abb. 6. Großoberflächenplatte der Akkumulatorenfabrik Aktiengesellschaft.

Zellen, die wenig beansprucht, also langsam geladen und entladen werden, erhalten heute gewöhnlich Masseplatten. Diese Platten bestehen aus einem einfachen viereckigen Rahmen aus Hartblei von U-förmigem Querschnitt, der den zusammenhängenden Masseblock festhält. Damit nun die Masse genügend Halt im Rahmen hat, werden den Bleioxyden Zusätze beigegeben, die der aktiven Masse nach der Formierung eine gewisse Festigkeit geben.

Die Akkumulatorenfabrik Aktiengesellschaft (Afa), Berlin SW 11, deren Erzeugnisse in der ganzen Welt verbreitet sind, verwendet heute für größere stationäre Anlagen als + -Platte eine Großoberflächenplatte (Abb. 6 u. 7), die so tiefgehend gefurcht ist, daß die erzielte Oberfläche das 8fache der Projektionsfläche ist. Durch ein besonderes Formierungsverfahren werden in wenigen Stunden die feinen Rippen mit einer gleichmäßigen Schicht von Bleisuperoxyd überzogen. Für transportable und für kleinere Elemente werden leichtere Gitterplatten benutzt, bei denen die aktive Masse in Form von Bleioxyden in die Gitterräume eingestrichen wird. Bei Elementen, die nur wenig beansprucht werden, bei denen also eine nennenswerte Auflockerung der aktiven Masse nicht zu befürchten ist, verwendet man Masseplatten mit sehr weitmaschigem Gitter (meistens nur Bleiumrahmung) (Abb. 8 u. 9).

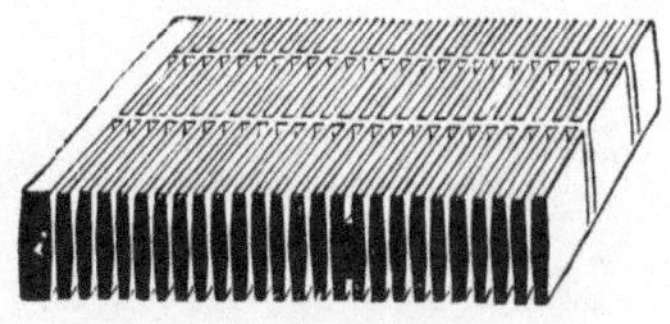

Abb. 7. Teil einer Großoberflächenplatte der Akkumulatorenfabrik Aktiengesellschaft.

Bei den — - Platten wird der Bleiträger viel weniger beansprucht als bei den + - Platten. Die Akkumulatorenfabrik Aktiengesellschaft verwendet seit Jahren eine Kastenplatte; die aktive Masse befindet sich hier ebenfalls in den Zwischenräumen einer Gitter-

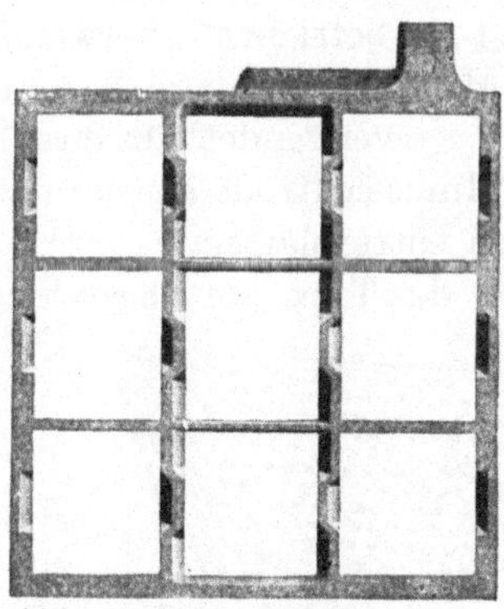

Abb. 8. Bleiumrahmung der Masseplatten.

Abb. 9. Masseplatte.

platte, die nun, um ein Herausfallen der Masse zu verhüten, beiderseits mit durchlöchertem Bleiblech verschlossen sind (Abb. 10 u. 11). Für kleine transportable Elemente wird eine Masseplatte gewählt, die ähnlich wie die positive Masseplatte gebaut ist.

Die Firma **Gottfried Hagen**, Köln-Kalk, verwendet als + - Platte bei stationären Anlagen auch eine reine Großoberflächenplatte mit senkrechten und wagerechten Rippen. Die zugehörige —-Platte ist auch eine Gitterplatte, bei der die Längsrippen ganz, die Querrippen dagegen nur halb ausgebildet sind. Hierdurch wird erreicht, daß die aktive Masse in vollständig unabhängige, zusammenhängende Streifen zerlegt wird. Abb. 12 u. 13 zeigen ein für Kleinakkumulatoren verwandtes Plattenpaar (Masseplatten).

Abb. 10. Negative Kastenplatte der Akkumulatorenfabrik Aktiengesellschaft.

Die Firma Akkumulatorenfabrik System „Pfalzgraf", Berlin N 4, die einen großen Teil der in den Post- und Bahnbetrieben verwandten Akkumulatoren stellt, verwendet für ihre beiden Typen „M" und „R" die gleiche Minuselektrode aus normalen, engen, mit aktiver Masse beschickten Gitterplatten.

Die positive Elektrode (+-Platte) der Type „M" besteht aus

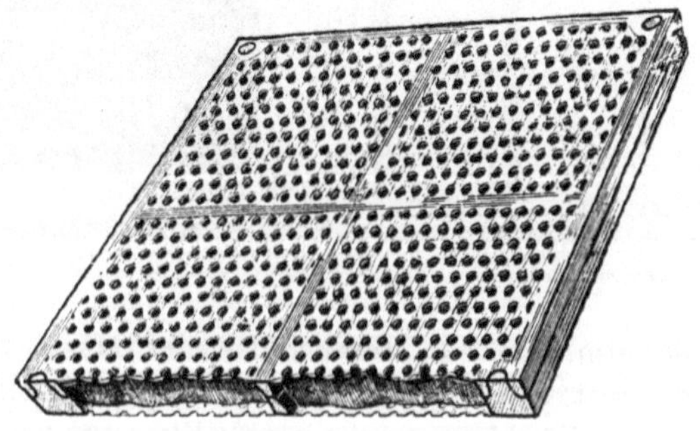

Abb. 11. Ausschnitt aus einer Kastenplatte.

einem Hartbleirahmen, der in nur wenige große Felder unterteilt ist, welche die nach einem Spezialverfahren hergestellte aktive Masse enthalten. Diese Masseplatten sollen Verwendung finden:

a) wo die zehnstündige Entladung als Ausnahme gilt, allgemein aber geringere Strommengen als die höchst zulässigen entnommen werden (Radio),

b) wenn für die Aufladung mindestens 12 Stunden zur Verfügung stehen, da bei diesen Platten die auf S. 64 angegebenen höchsten Ladestromstärken nicht überschritten werden dürfen. Bei sehr langsamer und tiefer Entladung der Elemente soll mit einer kleineren Stromstärke geladen werden, als in der Tabelle angegeben,

c) wo die Elemente bei annähernd gleichbleibender fortwährender oder unterbrochener Beanspruchung mit einer Aufladung bis zu 6 Monaten in Betrieb sein sollen.

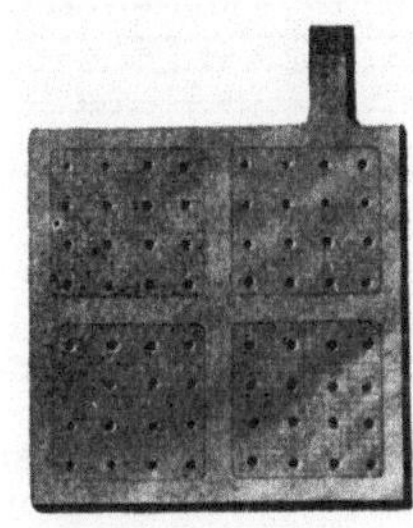

Abb. 12. + - Platte für transportable Akkumulatoren der Firma Gottfried Hagen.

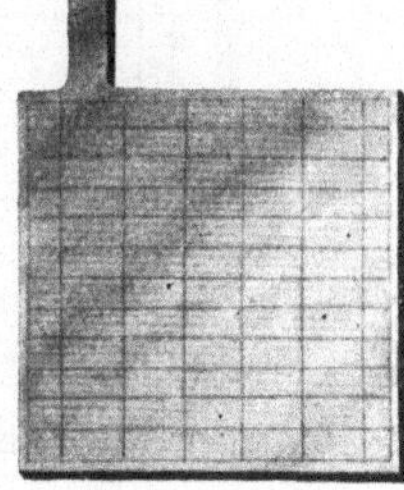

Abb. 13. — - Platte für transportable Akkumulatoren der Firma Gottfried Hagen.

Dagegen werden Großoberflächenplatten (Type „R“), sogenannte Rapidplatten, verwandt:

a) bei Entnahme hoher Stromstärken,

b) wenn zur Aufladung der Elemente nur wenige Stunden zur Verfügung stehen,

c) bei Pufferschaltung oder Daueraufladung.

Die Gefäße für Akkumulatoren sind aus Glas, Kautschuk oder Zelluloid. Glasgefäße verdienen, da sie die Vorgänge im Element zu beobachten gestatten, den Vorzug. Durch Einsetzen in geeignete Holzgefäße sind die Gläser vor Bruch leicht zu schützen. Behälter aus Zelluloid sind wegen ihrer Leichtigkeit, Durchsichtigkeit und Elastizität zwar sehr bequem, sind aber nicht immer sehr zuverlässig. Manchen Zelluloidarten wird nachgesagt, daß sie allmählich Salpetersäure an die Schwefelsäure abgeben und diese dadurch unbrauchbar machen.

In den größeren Zellen steht fast immer eine + - Platte zwischen zwei — - Platten, so daß die Zahl der — - Platten die der + - Platten um 1 übersteigt. Abb. 14 zeigt die Anordnung der Platten im Schema. Ganz kleine Elemente (Anodenbatterie) haben meistens nur eine Platte jeder Art.

Die kleineren leichteren Typen sind gewöhnlich durch einen Deckel verschließbar oder ganz zugekittet bis auf eine durch

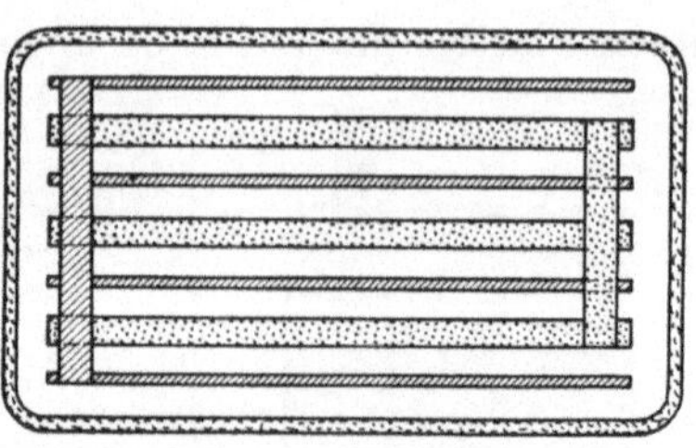

Abb. 14. Anordnung der Platten im Element.

einen Glasstöpsel verschließbare Öffnung zum Einfüllen der Säure.

Als Elektrolyt findet bei den Akkumulatoren nur verdünnte Schwefelsäure vom spezifischen Gewicht 1,15—1,24 Verwendung[1]). Da die Akkumulatoren meist ungefüllt und ungeladen versandt werden, hat man mit besonderer Sorgfalt darauf zu achten, daß man nur vollkommen reine Säure verwendet. Sie muß frei sein von Chlor- und Stickstoffverbindungen. Vielfach enthält die im Handel als chemisch rein angepriesene Schwefelsäure geringe Mengen edler Metalle (Silber, Gold, Platin). Da diese zur negativen Platte wandern, rufen sie hier Selbstentladung hervor, was mit der Zeit zur Zerstörung der Platten führt.

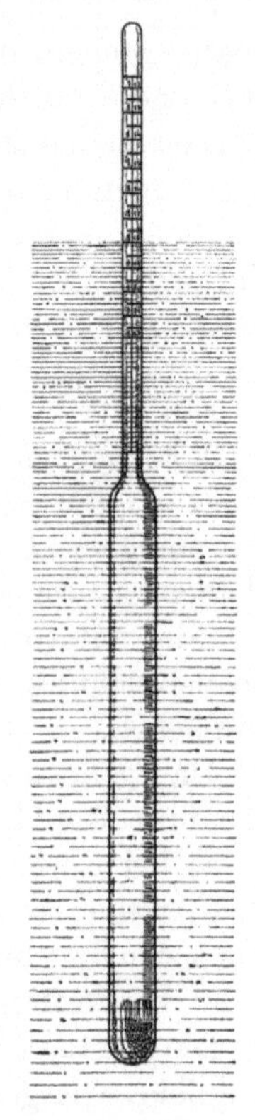

Abb. 15. Aräometer zur Feststellung des spezifischen Gewichtes der Schwefelsäure.

Man erhält den richtigen Verdünnungsgrad der Säure, wenn man 1000 Raumteile dest. Wasser mit 136 Raumteilen chem. reiner konz. Schwefelsäure mischt. Dabei achte man peinlich

[1]) Das spezifische Gewicht der Säure wird durch ein Säurearäometer, Abb. 15, festgestellt (vgl. auch Tabelle I auf S. 62). Früher wurde der Prozentgehalt der Säure nach Baumé-Graden angegeben. Zur Orientierung sind in der Tabelle I auch diese angegeben.

darauf, daß man stets die konzentrierte Schwefelsäure langsam unter sorgfältigem Umrühren zum Wasser oder zur verdünnten Schwefelsäure gießt, nie umgekehrt. Es darf grundsätzlich nur reinste Schwefelsäure verwandt werden. Hat man keine Gewähr, daß die im Geschäft als chemisch rein bezeichnete Säure keine schädlichen Beimengungen enthält, so muß man sie vorher noch reinigen. Die metallischen Beimengungen entfernt man dadurch, daß man in die verdünnte Säure Schwefelwasserstoff bis zur Sättigung einleitet, den entstandenen dunklen Niederschlag abfiltriert und den Schwefelwasserstoff dann durch Erhitzen wieder entfernt. Am besten fährt man, wenn man sich die fertige Säure in einer Akkumulatorenhandlung beschafft.

γ) Ladung und Entladung des Bleiakkumulators.

Die chemischen Vorgänge bei der Ladung und Entladung sind auf S. 14 u. 15 schon dargestellt. Zum Laden (vgl. auch S. 30 u. ff.) verbindet man die beiden Pole des Akkumulators mit den gleichnamigen einer Gleichstromquelle (also Plus mit Plus, Minus mit Minus), deren Spannung natürlich höher sein muß als die des Akkumulators, da sonst der Akkumulator ja Strom abgeben und sich noch mehr entladen würde. Man beachte genau die von den Firmen angegebenen Ladevorschriften (s. Tabelle II bis V). Damit man eine Kontrolle hat, schaltet man am besten ein Amperemeter in den Ladestromkreis ein. Die Vorgänge beim Laden sind die gleichen wie in dem oben erwähnten Beispiel (S. 30):

$$+\text{-Platte:}\quad PbSO_4 + SO_4 + 2\,H_2O = PbO_2 + 2\,H_2SO$$
$$-\text{-Platte:}\quad PbSO_4 + H_2 = Pb + H_2SO_4 .$$

Es findet also an der +-Platte Oxydation des Bleisulfats zu Bleisuperoxyd, an der —-Platte Reduktion des Bleisulfats zu Blei statt, an beiden Elektroden wird Säure frei, so daß die Konzentration der Säure zunimmt.

Die Spannung eines Elements steigt beim Laden sehr schnell auf 2,15 Volt an, nimmt dann sehr langsam weiter zu, bis sie von 2,4 Volt an wieder sehr schnell auf 2,7 Volt ansteigt[1]). An der nun an den Platten einsetzenden starken Gasentwicklung er-

[1]) Die plötzliche Zunahme erklärt sich daraus, daß der Ladestrom nun auch noch die Polarisationswirkung der Gase an den Elektroden überwinden muß.

kennt man, daß die Ladung abgeschlossen ist. Abb. 16 gibt den Verlauf der Spannung als Funktion von der Ladedauer wieder.

Die Spannung der Elektrizitätsquelle, mit der man ladet, muß in allen Fällen höher sein als die Klemmenspannung des Elements in jeder Phase; man muß daher auch mit der Ladespannung mit fortschreitender Ladung heraufgehen.

Den Vorgang der Stromentnahme bezeichnet man als **Entladung**. Der Strom tritt aus der +-Platte (Bleisuperoxydplatte) aus und geht durch den äußeren Stromkreis zur —-Platte. In der Zelle nimmt der Strom den Weg von der —-Platte zur +-Platte,

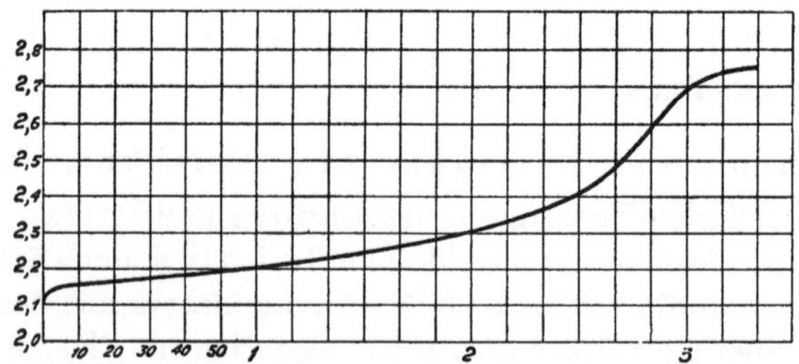

Abb. 16. Spannung als Funktion der Ladedauer.

so daß sich an dieser der Wasserstoff, an jener der Säurerest absetzt. Es finden bei der Entladung daher folgende Vorgänge (S. 14) statt:

$$\begin{array}{lll} +\text{-Platte:} & PbO_2 + H_2 + H_2SO_4 & = PbSO_4 + 2\,H_2O \\ -\text{-Platte:} & Pb \quad + SO_4 & = PbSO_4. \end{array}$$

Es findet also an beiden Platten Umwandlung der aktiven Masse zu Bleisulfat unter Verbrauch von Säure und Bildung von Wasser statt. Die Säure ist daher am Schluß der Entladung dünner als zu Beginn.

Die Spannung des Elementes nimmt allmählich ab, zuerst langsam, dann schneller. Sobald sie im unbelasteten Zustande auf etwa 1,8 Volt heruntergegangen ist, muß der Akkumulator wieder aufgeladen werden. Abb. 17 gibt den Verlauf der Entladungsspannung als Funktion der Zeit wieder.

Abb. 18[1]) gibt die Ladungs- und Entladungsvorgänge schematisch wieder.

---

[1]) Die Abb. 18, 31, 39, 40 sind entnommen aus Benischke: Die wissenschaftlichen Grundlagen der Elektrotechnik. Berlin: Julius Springer.

Die aufzunehmende bzw. abzugebende Energiemenge wird in Amperestunden angegeben. Kann z. B. eine bestimmte Type 20 Stunden lang einen Strom von 1 Amp. abgeben, so hat sie, wie man sagt, eine Kapazität[1]) von 20 Amperestunden bei

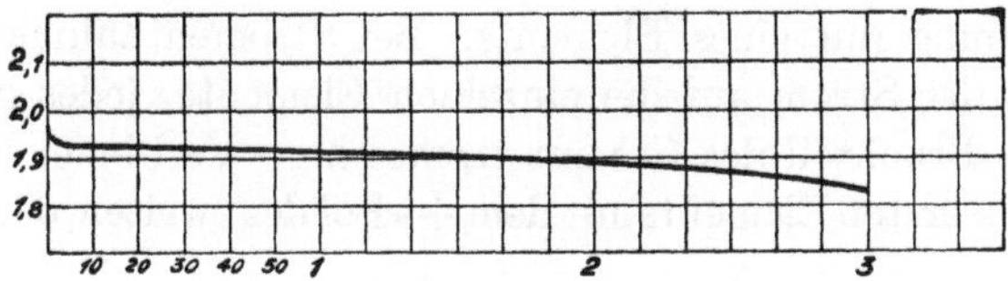

Abb. 17. Entladespannung als Funktion der Zeit.

20stündiger Entladung. Da man bei den Akkumulatoren mit einer ziemlich konstanten Spannung rechnen kann, ist die Kapazität ungefähr der Anzahl der Wattstunden proportional[2]). Die Kapazität ist sehr stark von der Entladestromstärke abhängig, so daß die obige Type von 20 Amperestunden bei einer Entladung mit 4 Ampere nicht auch 5 Stunden Strom gibt, sondern vielleicht nur 3,5 Stunden. Bei Angabe der Leistungsfähigkeit in Amperestunden wird daher auch die Entladestromstärke hinzugefügt, bei der diese Leistungsfähigkeit erreicht wird; in den meisten Fällen gilt die angegebene Kapazität bei 10stündiger Entladung.

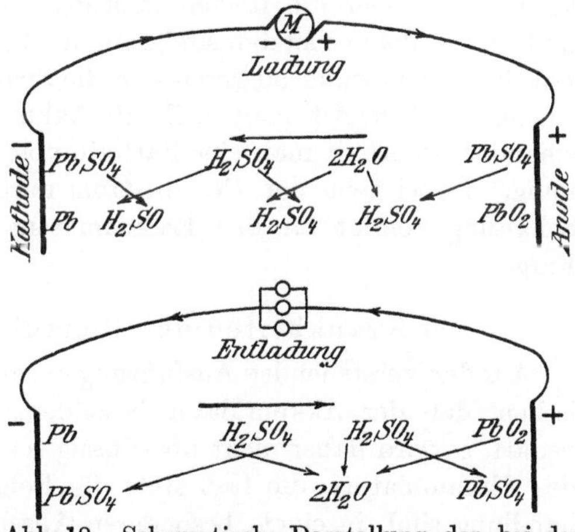

Abb. 18. Schematische Darstellung der bei der Entladung und Ladung stattfindenden Vorgänge (nach Benischke).

---

[1]) Die Kapazität eines Kondensators hat natürlich nichts mit dem hier gebrauchten Begriff der Kapazität zu tun.

[2]) Da jede Zelle durchschnittlich 2 Volt Spannung hat, ist die Zahl der Volt-Ampere-Stunden oder Wattstunden gleich der doppelten Amperestundenzahl.

δ) Schaltung der Akkumulatoren.

Die Elemente können parallel und hintereinander (in Reihe) geschaltet werden (Abb. 19 und 20) und bilden dann eine Batterie. Bei der Parallelschaltung werden sämtliche + - Pole und sämtliche — - Pole unter sich verbunden. Die Batterie hat dann die Spannung nur eines Elements. Bei Stromentnahme verteilt sich aber der Strom auf die einzelnen Elemente, jedes gibt also nur einen Bruchteil des Gesamtstromes her. Verbindet man den — - Pol des ersten Elements mit dem + - Pol des zweiten, den — - Pol

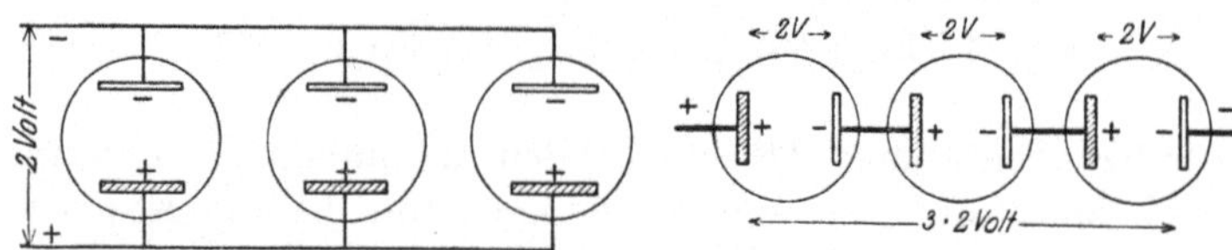

Abb. 19. Parallelschaltung. Abb. 20. Reihenschaltung.

des zweiten mit dem + - Pol des dritten usw., so hat man die Hintereinander- oder die Reihenschaltung. Der + - Pol des ersten und der — - Pol des letzten sind dann die beiden Pole der Batterie. Bei dieser Schaltung addieren sich die Spannungen der einzelnen Elemente. Schaltet man z. B. 40 Akkumulatorenzellen hintereinander, so erhält man eine Batterie von $40 \cdot 2 = 80$ Volt Spannung. Dabei geht der Gesamtstrom durch alle Zellen. Diese Schaltung kommt für den Radioamateur fast ausschließlich in Frage[1]).

ε) Krankheiten des Bleiakkumulators.

Aus den vorstehenden Ausführungen wird der Laie entnommen haben, daß der Akkumulator besonderer Pflege und Wartung bedarf, es wird daher nicht überflüssig sein, auf die Krankheiten des Akkumulators, die fast stets die Folgen der schlechten Behandlung sind, in einem besonderen Abschnitt einzugehen.

[1]) Die Parallelschaltung wird gelegentlich auch wohl angewandt, um die Zellen zu schonen. Hat man z. B. 3 parallel geschaltete Empfangsröhren, deren jede 0,5 Ampere verbraucht, mit einer 6-Voltbatterie zu heizen, so muß jedes der 3 hintereinandergeschalteten Elemente 1,5 Ampere Strom hergeben. Schaltet man nun eine zweite 6-Voltbatterie parallel zur ersten, so wird jede Zelle nur noch mit 0,75 Ampere belastet. Da aber bei geringer Entladestromstärke die Kapazität des Akkumulators bedeutend größer ist, liegt hierin eine beträchtliche Energieersparnis.

Außer der natürlichen Abnutzung infolge der Beanspruchung der wirksamen Masse bei der Ladung und Entladung können besondere Schäden durch Verwendung schlechter Einfüllflüssigkeiten und durch mangelhafte Wartung der Elemente herbeigeführt werden. Es ist schon darauf hingewiesen worden, daß zum Ein- und Nachfüllen nur reinste Schwefelsäure (S. 20) und reinstes destilliertes Wasser Verwendung finden dürfen. Ebenso ist der Akkumulator vor Verunreinigung durch Staub, namentlich solchem, der von Metallen oder Metallsalzen stammt, oder durch fremde Säuren und Salze (Salpetersäure, Salzsäure, Kochsalz, Salmiak, Chlorkalk usw.) sorgfältig zu schützen.

Als eine Folge dieser Verunreinigungen tritt meistens das „Nachkochen" auf, das sich in einer reichen Gasentwicklung an den —-Platten auch im Ruhezustande äußert. Die Erscheinung erklärt sich daraus, daß die Metalle (S. 4) bei der Ladung nach der —-Platte wandern, wo dann die edleren mit dem Blei und der Schwefelsäure ein besonderes lokales Element bilden. Die Folge davon ist, daß die Zellen keinen Strom halten, da sie sich von selbst entladen. Abhilfe kann nur durch Auswechselung der —-Platten nach einer starken Ladung geschaffen werden. Vorsicht darum beim Einkauf der Säure!

Andere Metalle, wie Eisen, Mangan, Chrom, die in mehreren Oxydationsstufen existieren, können zu einer Verminderung des Nutzeffektes führen. Diejenigen Säuren, welche ein im Wasser lösliches Bleisalz bilden, wie Salzsäure, Salpetersäure, Chlorsäure, Essigsäure, und die Substanzen, welche in solche Säuren leicht übergehen, greifen die positiven Platten dauernd an und zerstören sie frühzeitig.

Bleibt ein Akkumulator längere Zeit ungeladen stehen, so beobachtet man, daß die Platten immer heller werden. Nach einigen Wochen sind die —-Platten vollständig weiß geworden, während die +-Platten hellrot erscheinen. Die Erscheinung erklärt sich daraus, daß das Bleisulfat, das sich am Schluß der Entladung in feinem kristallinem Zustand auf beiden Platten befindet, allmählich in die kristallisierte Form übergeht, wodurch das Bleisulfat der elektrolytischen Zersetzung schwerer zugänglich wird. Solche Platten halten daher nicht Spannung. Durch häufiges Laden und Entladen bessert sich der Zustand mit der Zeit wieder etwas. Das Sulfatieren führt häufig auch zur Krümmung der Platten, solche

Platten werden vorsichtig zwischen zwei Brettern gerade gerichtet.

Sehr starke Schädigung einer Batterie wird durch äußeren oder inneren Kurzschluß herbeigeführt. Durch Plattenkrümmung oder durch Brücken von Bleischwamm oder Oxyd, die sich zwischen den Elektroden durch Reduktion des Bleischlamms oder Herausfallen von Masse bilden, kann eine metallische Berührung der Platten innerhalb des Elements hervorgerufen werden, wodurch das Element sich dauernd selbst entlädt. Der Kurzschluß muß dann sofort beseitigt werden, wenn man das Element vor dauernder Schädigung bewahren will.

Man bewahrt seinen Akkumulator am besten vor Schädigungen, wenn man

1. nur vollständig einwandfreie Säure zum Füllen und Nachfüllen verwendet,
2. innere und äußere Kurzschlüsse verhütet und den Lade- und Entladestrom nicht größer nimmt als zulässig,
3. ihn nicht längere Zeit in ungeladenem Zustande mit Säure stehen läßt,
4. die Ladung bis zur lebhaften Gasentwicklung fortsetzt, ein Überladen aber vermeidet.

ζ) Der Nickel-Eisen-Akkumulator.

Der Nickel-Eisen-Akkumulator, nach seinem Erfinder auch Edison-Akkumulator genannt, hat als Elektroden Nickel nnd Eisen mit gewissen Verbindungen dieser Metalle und als Elektrolyt Kalilauge. Die Elektroden werden in geschweißte Eisengefäße eingebaut, die mechanischer Abnutzung und der Gefahr einer Beschädigung nicht unterliegen. Die positiven Platten bestehen aus Nickel und enthalten als aktive Masse Nickelhydroxyd. Ähnlich ist die negative Elektrode aus reinem Eisen hergestellt und enthält als aktive Masse ein besonders hergestelltes Eisenoxyd, das mit gewissen Substanzen gemischt wird, um die Selbstentladung wirksam zu verhindern. Als Elektrolyt dient eine Lösung von Ätzkali in destilliertem Wasser.

Die Spannung jeder Zelle beträgt bei Stromentnahme etwa 1,2 Volt; sie ist praktisch konstant bis nahe an die völlige Erschöpfung des Akkumulators heran. Die Leistung einer Zelle beträgt etwa 12—15 Amperestunden für jedes Kilogramm Gewicht.

Die Vorzüge des Nickel-Eisen-Akkumulators sind:

1. Er entlädt sich nicht selbst, auch nicht, wenn er längere Zeit nicht benutzt wurde.

2. Überladung wie Ladung mit zu großer Stromstärke sind nicht schädlich.

3. Überlastung und Kurzschluß schaden ihm nicht, gleichfalls nicht eine zu weitgehende Entladung (bis auf Spannung Null).

4. Regelmäßiges Laden und Entladen ist nicht notwendig, man kann den Akkumulator ruhig im entladenen Zustande längere Zeit stehen lassen.

Abb. 21. Plattensatz eines Nickel-Eisen-Akkumulators der Phywe.

Abb. 22. Nickel-Eisen-Akkumulator der Deutschen Edison-Akkumulatoren-Company, Berlin SW 11.

5. Er ist unempfindlich gegen Erschütterung und rohe Behandlung.

Er hat somit gegenüber dem Bleiakkumulator alle Vorteile, die den höheren Preis in den meisten Fällen aufwiegen. Natürlich bedarf auch dieser Akkumulator der Pflege; vor allen Dingen hat man ihn vor Säuredämpfen jeder Art zu bewahren.

Abb. 21 zeigt den Plattensatz eines Akkumulators, der von den physikalischen Werkstätten in Göttingen vertrieben wird, Abb. 22 ein fertiges Element der Deutschen Edison-Akkumulatoren-Company, Berlin SW 11.

3. Heiz- und Anodenbatterie des Radioamateurs.

Der Radioamateur gebraucht für den Betrieb seiner Elektronenröhren eine besondere Stromquelle für den Heiz- und Anodenstromkreis und wird im allgemeinen eine Batterie verwenden. Der Heizstrom beträgt bei den älteren Röhren 0,5—0,6 Amp. bei 4—6 Volt Spannung, während bei neueren Konstruktionen Heizstrom und Heizspannung bedeutend niedriger sind (vgl. S. 44). Im ersteren Falle wird daher fast ausschließlich eine Akkumulatorenbatterie verwandt, und zwar gebraucht man zur Erzielung der Spannung von 6 Volt bei Verwendung von Bleiakkumulatoren 3 hintereinander geschaltete Elemente oder Zellen, bei Nickel-Eisen-Akkumulatoren deren 5. Da der Radioamateur oft 5—6 Röhren zusammenschaltet, so muß die Batterie imstande sein, für einige Stunden einen Strom von etwa 3 Amp. herzugeben. Bisweilen wird auch wohl die sogenannte Sparschaltung verwandt, bei der die Röhren in Reihe geschaltet sind. Diese Schaltung hat den Vorteil, daß die Batterie nur den Strom von 0,5—0,6 Amp. herzugeben braucht; dafür muß aber die Spannung entsprechend höher sein. Es empfiehlt sich, eine Batterie von nicht zu geringer Kapazität (mindestens 30 Amperestunden) zu wählen. Die Akkumulatorenfabriken haben besonders für die Bedürfnisse des Radioamateurs geeignete Zellen zu Batterien zusammengestellt. In Frage kommen für solche Batterien aus den eben angeführten Gründen in der Hauptsache Elemente mit Masseplatten (vgl. S. 16) oder Nickel-Eisenakkumulatoren.

a) Heizbatterien.

Abb. 23 zeigt ein Element der Akkumulatorenfabrik Aktiengesellschaft (Varta), das für Heizbatterien sehr geeignet ist, Abb. 24 eine aus diesen Elementen zusammengesetzte Batterie für 6 Volt Spannung. Die Batterien können nach Einfüllen der Säure (S. 20) in 2 Stunden ohne Aufladung in Betrieb genommen werden. Nähere Einzelheiten findet der Leser in den Tabellen II u. III auf S. 63.

Ein ebenfalls für die Radiotechnik geeignetes Modell (Reichspostmodell) der Firma Akkumulatorenfabrik System Pfalzgraf, Berlin N 4, zeigt Abb. 25. Die Kapazität dieser Type ist 28 Amperestunden bei 10stündiger Entladung; sie kann also 10 Stunden lang 2,8 Amp. hergeben. Bei geringerer Belastung ist die Kapazität natürlich entsprechend höher. In Tabelle IV auf S. 64 findet der Leser eine Zusammenstellung der wichtigsten von der

Abb. 23. Element der Akkumulatorenfabrik Aktiengesellschaft (Varta).

Abb. 24. Heizbatterie (Varta).

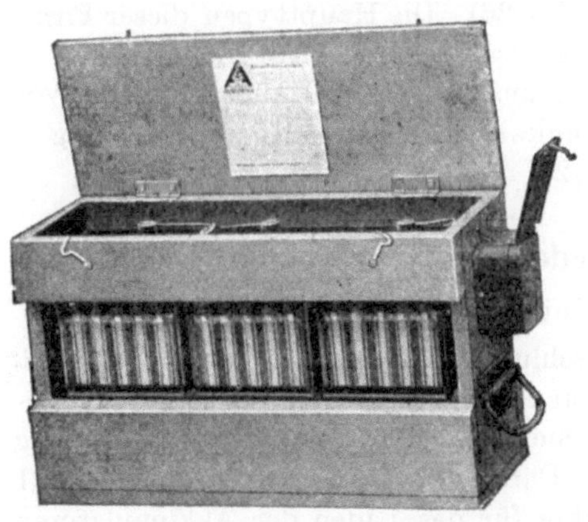

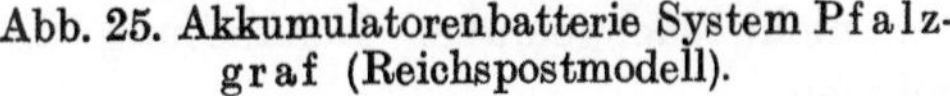

Abb. 25. Akkumulatorenbatterie System Pfalzgraf (Reichspostmodell).

Abb. 26. Heizbatterie der Firma Gottfried Hagen.

Akkumulatorenfabrik System Pfalzgraf für die Zwecke der Funkentelegraphie auf den Markt gebrachten Modelle mit den wissenswerten Einzelheiten.

Auch die Akkumulatorenfabrik Gottfried Hagen in Köln-Kalk baut besonders für Radiozwecke geeignete Batterien zu

Abb. 27. Nife-Batterie der Phywe.

4 und 6 Volt Spannung (Abb. 26). Die Haupttypen dieser Firma sind in Tabelle V auf S. 64 zusammengestellt.

Eine geeignete Batterie aus Edison-Akkumulatoren, die von den physikalischen Werkstätten A.-G. (Phywe), Göttingen, geliefert wird, zeigt Abb. 27.

b) Das Laden der Heizbatterie.

α) Bei Gleichstromanschluß.

Sofern Gleichstromanschluß vorhanden ist, bietet das Aufladen des Heizakkumulators für den Radioamateur kaum Schwierigkeiten. Er wird in den meisten Fällen sich die Ladeanordnung selbst herstellen können. Dabei müssen natürlich die auf S. 21 angegebenen Gesichtspunkte für das Laden der Akkumulatoren beachtet werden, da bei nicht sachgemäßer Behandlung die teuren Zellen Schaden nehmen.

Die höchste zulässige Ladestromstärke ist auf den einzelnen Fabrikaten fast stets angegeben; man lade aber meistens mit etwas geringerer Stromstärke als zulässig, überhaupt schadet eine zu schwache Ladung niemals, sie dauert nur entsprechend länger. Falls eine Batterie in den oben empfohlenen Dimensionen gewählt wird, dürfte eine Ladestromstärke von 2—3 Ampere die richtige sein.

Steht nun eine Gleichstromquelle von 220 Volt zur Verfügung, so muß, falls man keinen Umformer verwendet (S. 35), ein Ladewiderstand vorgeschaltet werden, der so zu bemessen ist, daß nur 2 oder 3 Ampere durch die zu ladende Batterie hindurchgehen, und daß er am Schluß der Ladung zu einer geringeren Stromstärke überzugehen gestattet. Da man etwa 8—9 Volt Ladespannung für eine 6 Volt-Batterie rechnet (S. 21), muß ein Spannungsabfall von 221 Volt erzielt werden. Ist E die zur Verfügung stehende Gleichstromspannung des Lichtnetzes, E_l die gewünschte Ladespannung (hier 9 Volt), I_l die Ladestromstärke, so ist der Ladewiderstand W_l aus der Beziehung $E_l = E - I_l \cdot W_l$ oder $W_l = \frac{E - E_l}{I_l}$ [1]) zu berechnen. Da die Netzspannung groß ist im Verhältnis zur Ladespannung, kann man diese gegen die erstere vernachlässigen und einfach rechnen $W_l = \frac{E}{I_l}$. Bei 220 Volt Netzspannung muß daher der Ladewiderstand etwa 110 Ohm betragen, bei 110 Volt rund die Hälfte.

In Abb. 28 [2]) ist eine einfache Ladeschalttafel abgebildet. Als Widerstand ist ein Kurbelwiderstand gedacht, wie er zum Anlassen von Elektromotoren verwandt wird. Eine Reihe von Widerstandsspiralen aus Nickelindraht sind nebeneinander so

---

[1]) Es wird darauf hingewiesen, daß das Laden eines 6 Voltakkumulators mit einer Stromquelle von 220 Volt ein höchst unwirtschaftlicher Vorgang ist. Von den $220 \cdot I_l$ Watt werden nur etwa $8 \cdot I_l$ ausgenutzt, also nur rund 4%. Da aber ein Herabtransformieren der Gleichspannung auf dem Wege über einen Einankerumformer oder ein Umformeraggregat (220 Volt-Motor mit gekuppelter Gleichstromdynamo für 10—20 Volt) mit besonderen Anlageunkosten verbunden ist (vgl. S. 35), kann man den Ladungsvorgang dadurch wirtschaftlicher gestalten, daß man mehrere Heizbatterien, die dabei hintereinander geschaltet werden, auf einmal lädt. Durch das Laden von 25 hintereinandergeschalteten 6-Voltbatterien wird nicht mehr Strom verbraucht wie durch das Laden einer einzigen. In größeren Orten wird es möglich sein, daß die Mitglieder des Radioklubs gemeinsam ihre Batterien laden lassen, um so die Kosten zu verringern.

[2]) Abb. 28 ist entnommen aus Nesper: Der Radioamateur (Broadcasting). Berlin: Julius Springer.

angeordnet, daß durch eine Kurbel, die über halbkreisförmig angeordneten Kontakten schleift, nach Bedarf mehr oder weniger Spiralen einzuschalten sind. Will man solche Spiralen oder auch Widerstandsspulen selbst wickeln, so nehme man den Nickelindraht nicht zu dünn (mindestens 0,8 mm). Ferner ordne man die Spiralen so an, daß genügend Raum für Zugluft bleibt, da bei einer Stromstärke von 3 Amp. bei 220 Volt Spannung eine beträchtliche Wärmewirkung eintritt.

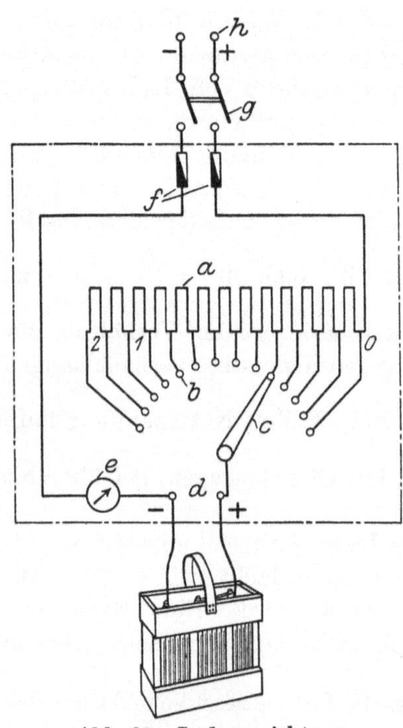

Abb. 28. Ladevorrichtung.

Zunächst wird festzustellen sein, welches der + - bzw. — - Pol des Netzes ist. Am besten verwendet man dazu „Polpapier“ (mit Phenolphthalein-Lösung getränktes Fließpapier, das in jedem elektrischen Geschäft zu kaufen ist). Ein kleiner Streifen wird, ein wenig angefeuchtet, auf ein Brettchen gelegt und dann werden die beiden Drahtenden, nachdem in die eine Leitung zur Vermeidung von Kurzschluß ein Lampenwiderstand eingeschaltet ist, bis auf 1—2 mm auf dem Streifen einander genähert. Am negativen Pol tritt nun Rotfärbung ein. Oder man tauche die beiden Kupferdrahtenden unter denselben Vorsichtsmaßregeln in verdünnte Schwefelsäure, wobei der negative Pol an der lebhaften Gasentwicklung erkannt wird.

Durch den Schalter *c* wird nun die Netzspannung an die gleichnamigen Pole des Akkumulators gelegt, also + an +, — an —, und zwar in der Figur der — - Pol direkt, der + - Pol über den Widerstand. Zur Vermeidung eines Kurzschlusses ist jede Leitung für 4 Amp. gesichert. Das eingeschaltete Amperemeter *e* dient zur Kontrolle der Ladung. Der Widerstand *a* wird zunächst voll eingeschaltet. Darauf gehe man mit der Kurbel *c* soweit zurück, daß das Amperemeter den gewünschten Ladestrom anzeigt. Gegen Ende der Ladung wird man dann allmählich mit dem Ladestrom heruntergehen. Das Ende der Ladung erkennt man an der lebhaften Gasentwicklung an den Minusplatten, ferner auch an dem Heraufschnellen der Klemmenspannung auf 2,7 Volt pro Zelle (vgl. S. 21).

Eine sehr einfache und billige Ladevorrichtung ist in Abb. 29 dargestellt. Hier soll der im Haushalt verwandte Strom zur Ladung benützt werden. Bei *a* befindet sich eine Steckdose der Lichtleitung, die durch einfache Stecker mit dem Schaltbrett

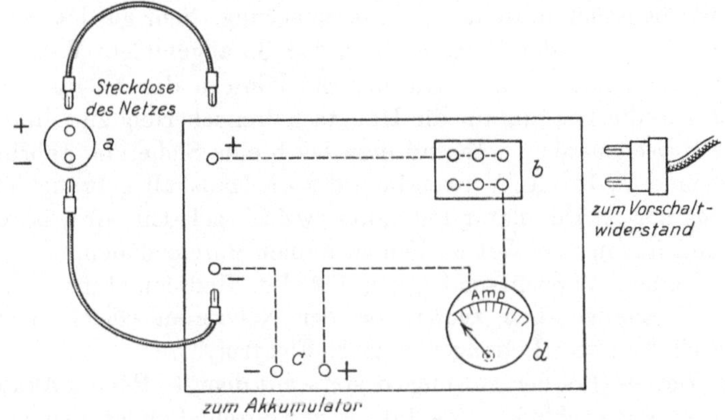

Abb. 29. Einfache Ladevorrichtung zum Selbstbau.

verbunden werden kann. An den einen Pol des Steckers ist nun der entsprechende Pol des zu ladenden Akkumulators *c* direkt angeschlossen, während der noch freie Pol des Steckers und des Akkumulators, letzterer über das Amperemeter *d*, zu den Buchsen eines Steckbrettes *b* geführt wird. Hier kann nun ein Lampen- oder Plätteisenwiderstand[1]) eingestöpselt werden. Als Widerstände sind Kohlefadenlampen, die einen großen Wattverbrauch haben, sehr geeignet (s. Tabelle VII auf S. 65). Unter geeigneten Vorsichtsmaßregeln läßt sich auch der Ladestrom an der Hauptschaltersicherung abnehmen. Man kann dann den gesamten im

[1]) Nur ein im Gebrauch befindliches Plätteisen, bei dem für genügende Abkühlung gesorgt ist.

Haushalt gebrauchten Strom ausnützen, womit man im Winter vollständig ausreichen würde.

Nachdem man die Hauptschaltersicherung herausgeschraubt hat, werden die beiden Zuführungen der Lichtleitung mit den entsprechenden Polen der zu ladenden Batterie verbunden. Am einfachsten ist die Ausführung, wenn die Sicherungspatrone Normal-Edisonfassung besitzt, da man dann einfach an ihrer Stelle ein in jeder Elektrohandlung käufliches Zwischenstück mit Steckbuchsen in die Fassung an der Tafel schrauben kann. In jedem anderen Falle fertigt man sich am besten aus alten Sicherungen solche Zwischenstücke an. Um im Falle eines Kurzschlusses vor unangenehmen Überraschungen gesichert zu sein, wähle man ein Zwischenstück mit einer 4-Amp.-Sicherung. Sehr gut läßt sich für den Anschluß der Batterie die auf S. 33 abgebildete Vorrichtung verwenden; an die Stelle der Steckdose a des Netzes tritt nun das in die Fassung für die Hauptschaltersicherung zu schraubende Zwischenstück, während man bei b eine Sicherung anbringen kann. Da bei der Verwendung des im Haushalt gebrauchten Stromes der Akkumulator nur „dosenweise" geladen wird, ist es unerläßlich, ihn von Zeit zu Zeit gründlich durchzuladen.

Besondere Vorsichtsmaßregeln für den Radioamateur:

1. Überzeuge dich zuerst, ob der Netzstrom Gleich- oder Wechselstrom ist (Polreagenspapier, Elektrolyse).

2. Der + -Pol der Leitung ist stets mit dem + -Pol des Akkumulators zu verbinden (—-Pol wird durch Polreagenspapier rot gefärbt).

3. Vergiß nie, dem aufzuladenden Element einen entsprechenden Widerstand vorzuschalten (Lampenwiderstand). Die höchstzulässige Ladestromstärke darf nicht überschritten werden.

4. Schalte das Element nach beendeter Ladung sofort ab, da Überladen schädlich.

Einige Firmen, z. B. die Phywe, Göttingen, liefern besondere Ladegeräte für Gleichstromanschluß, die nach den eben angeführten Richtlinien gebaut sind.

Wie in der Anmerkung auf S. 31 ausgeführt worden ist, ist das Laden einer 6-Voltbatterie aus dem 220-Voltnetz ein höchst unwirtschaftlicher Vorgang, wenn man nicht den zu einem anderen Zwecke (Beleuchtung, Heizung) verwandten Strom zum Laden mit ausnutzen kann. Wer daher die ersten Auslagen nicht zu scheuen braucht, dem kann nur empfohlen werden, sich einen kleinen Einankerumformer zuzulegen, der Gleichstrom von 220 Volt Spannung in solchen von 10—20 Volt umformt (Preis etwa 50—100 Mark). Die folgende Rechnung mag die Wirtschaftlichkeit des Umformers erhärten.

Wird täglich durchschnittlich 3 Stunden mit 3 Röhren empfangen, so reicht man mit einem Akkumulator, der bei 1,5 Ampere Entladestrom eine Kapazität von 45 Amperestunden hat, etwa 10 Tage. Rechnet man bei dieser Type mit einem Nutzeffekt von 75%, so hat man zum Laden einer 6-Voltbatterie $\frac{6 \cdot 45}{0{,}75} = 360$ Wattstunden aufzuwenden. Würde diese Energie durch Vorschalten eines Ladewiderstandes, wie auf S. 32 angegeben, aus dem 220-Voltnetz entnommen, so müßte man rund $220 \cdot 45 = 10000$ Wattstunden aufwenden, was bei einem Preis von 0,60 Mark für die Kilowattstunde 6 Mark Unkosten verursachen würde. Man beachte, daß die Kosten für die 360 Wattstunden, die für die Ladung benötigt werden, nur 0,25 Mark betragen würden!

Bei der Benutzung eines rotierenden Ladeumformers 220/10 Volt, für den wir den sicher nicht zu hoch gegriffenen Nutzeffekt von nur $33^1/_3$ % annehmen wollen, würde der Wattverbrauch $\frac{10 \cdot 45}{0{,}33^1/_3} = 1350$ Wattstunden sein, was einem Kostenaufwand von etwa 1 Mark entspricht. In 10 Tagen bedeutet das also eine Ersparnis von 5 Mark, so daß der Anschaffungspreis für den Umformer sich gut verzinst.

Abb. 30. Gleichstrom-Gleichstrom-Umformer von Dr. Max Levy.

Die Abb. 30 zeigt einen Gleichstrom-Gleichstrom-Umformer der Firma Dr. Max Levy, Berlin.

β) Bei Wechselstromanschluß.

Viel schwieriger gestaltet sich das Aufladen des Heizakkumulators in Gegenden, in denen nur Wechselstrom zur Verfügung steht, und das ist an den meisten Orten, besonders auf dem Lande der Fall. Der Wechselstrom ändert in regelmäßiger Folge seine Richtung, und zwar beträgt die Zahl der Polwechsel in der Sekunde gewöhnlich 100. Ein solcher Strom ist natürlich für das Aufladen der Akkumulatoren nicht geeignet, da die beiden Stromrichtungen bei der Umformung der aktiven Masse einander entgegen arbeiten. Ein Ladeeffekt würde aber schon eintreten, wenn man die eine Stromrichtung schwächen oder besser ganz vernichten würde. Apparate, die den Zweck haben, Wechselstrom in Gleichstrom zu überführen oder die eine Stromrichtung zu schwächen bzw. zu vernichten oder diese Richtung umzukehren, heißen Gleichrichter, wennschon diese Bezeichnung nur bei den dem ersteren und letzteren Zwecke dienenden Apparaten zutrifft.

Am bequemsten ist das Gleichrichteraggregat, das aus einem Wechselstrommotor mit angekuppelter Gleichstromdynamo besteht. Auf der Welle eines Wechselstrommotors von etwa 100 Watt Leistung ist eine kleine Gleichstromdynamo, die 10—20 Volt Spannung abzunehmen gestattet, angebracht. Derartige Umformeraggregate liefern fast alle größeren Firmen, die den Bau elektrischer Maschinen betreiben, z. B. Siemens & Halske, A.E.G. usw. Sie kosten je nach Qualität 150—400 M. und kommen daher für die größere Masse unserer Radioamateure nicht in Frage.

Billiger sind die auf der Ventilwirkung gewisser evakuierter Glasröhren beruhenden Gleichrichter. Der Quecksilberdampfgleichrichter besitzt eine Elektrode aus Quecksilber, während die andere aus einem anderen Metall besteht. Schließt man eine solche Röhre an eine Wechselstromquelle an, so kann der Strom nur während jener Halbperiode hindurch, wo das Quecksilber Kathode ist. Nimmt man aber gewöhnlichen Wechselstrom, so besteht die Schwierigkeit, daß der Lichtbogen beim Nullwerden des Stromes erlischt und von neuem gezündet werden muß. Diese Schwierigkeit fällt weg, wenn drei um 120° verschobene Wechselströme (Dreiphasenstrom) in einem Gefäß mit drei Anoden und einer Quecksilberkathode zur Anwendung kommen. Die Schaltung zeigt Abb. 31. Der sogenannte Nulleiter, der an dem Verkettungspunkt der drei Phasen abgenommen wird, ist mit der Kathode K verbunden, während die drei Phasenleiter zu den mit I, II, III bezeichneten Anoden geführt sind. In den Nulleiter kann dann der zu ladende Akkumulator gelegt

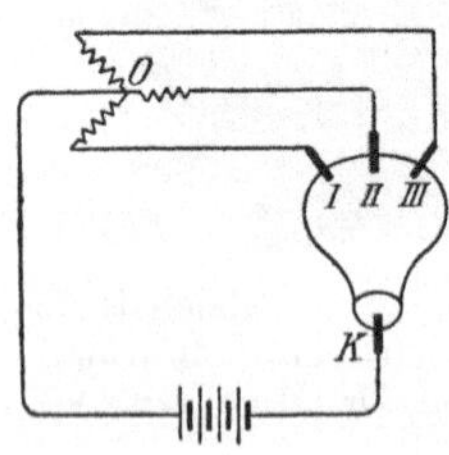

Abb. 31. Schaltschema des Quecksilberdampfgleichrichters (nach Benischke).

werden, und zwar ist der + - Pol mit der Kathode des Gleichrichters zu verbinden. Auch der Quecksilbergleichrichter wird seines Anschaffungspreises wegen in den meisten Fällen ausscheiden müssen, er findet auch fast nur für größere Stromstärken Verwendung. Für Stromstärken unter 3 Amp. füllt man den Gleichrichter statt mit Quecksilberdampf mit den Gasen Argon oder Neon. Die Kathode besteht dann nicht mehr aus Quecksilber, sondern aus einer leicht schmelzbaren Legierung aus Alkalimetallen.

Sehr gut geeignet sind die auf dem Prinzip der Wehnelt-Kathode aufgebauten Gleichrichter. Der von der Allgemeinen Elektrizitäts-Gesellschaft konstruierte Gleichrichter Radio-Ramar beruht auf diesem Prinzip. Er besitzt eine Glühkathode aus Wolfram, die durch Wechselstrom geheizt wird. Ihr gegenüber steht in einem mit Argon, einem trägen Gase, unter geringem Druck gefüllten Glaskolben die Anode. Die Eigentümlichkeit der Wehnelt-Röhre besteht nun darin, daß sie den elektrischen Strom nur in der Richtung von der Anode zur Kathode durchläßt, bei angelegter Wechselspannung also die eine Halbperiode vernichtet.

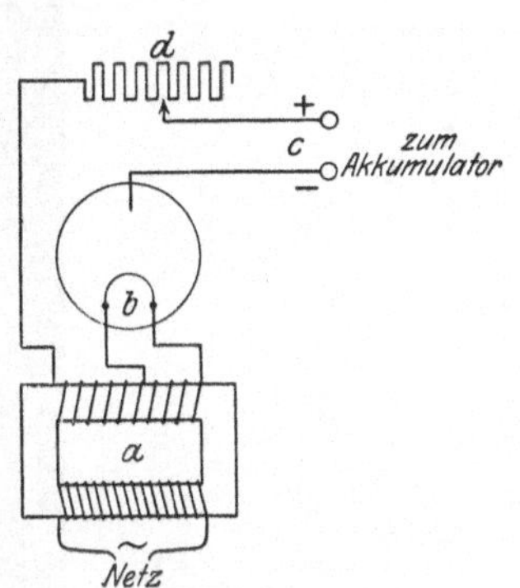

Abb. 32. Schaltschema des Gleichrichters Radio-Ramar der AEG.

Das Schaltschema des Radio-Ramar-Gleichrichters zeigt Abb. 32. Die primäre Wickelung des Transformators *a* wird mit dem aus dem Lichtnetz zu entnehmenden Wechselstrom gespeist. Die sekundäre Spule trägt zwei Wickelungen, eine für die Heizung der Glühkathode *b*, die zweite für die Anodenspannung. In beiden Wickelungen wird die Spannung herabgesetzt, so daß trotz des geringen Wattverbrauchs (die Firma gibt für den Heizfaden 30 Watt, für den Gesamtverbrauch 50 Watt an) eine für die Ladung ausreichende Stromstärke erzielt wird. In dem Anodenstromkreise liegt der zu ladende Akkumulator *c*, dem noch ein Schiebewiderstand *d* vorgeschaltet ist, um die Einstellung der Ladung für die Zahl der Zellen zu ermöglichen. Die Inbetriebsetzung erfolgt nach Anschluß der Batterieklemmen durch Einführung des Steckers in die Steckdose der Lichtleitung. Durch die klare Bezeichnung der Gleichstrompole auf den Kabelschuhen und der Zellenzahl auf dem Widerstand bleiben Irrtümer ausgeschlossen.

Eine Gleichrichterwirkung geben auch die gewöhnlichen Geißlerschen Röhren, wenn man ihre Elektroden verschieden groß wählt.

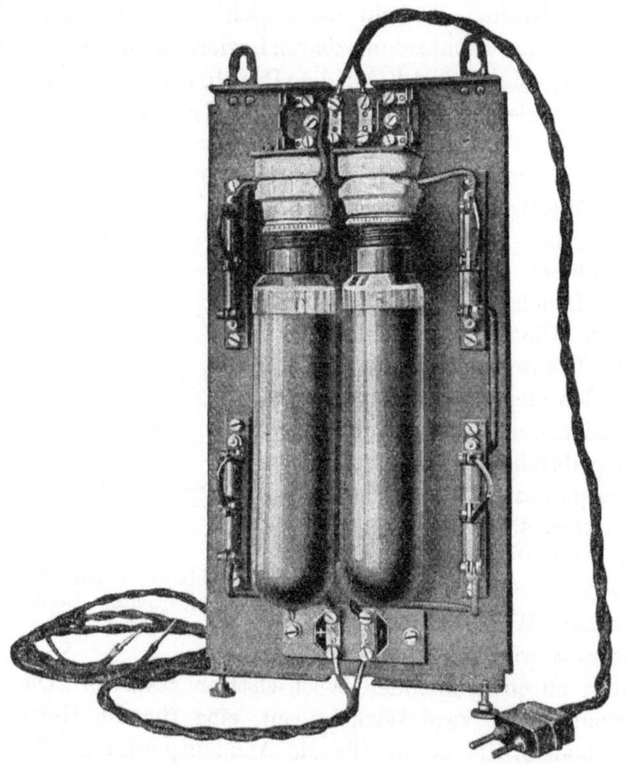

Abb. 33. Glimmlicht-Gleichrichter der Hydrawerke.

Werden diese Röhren mit den Edelgasen Neon oder Helium gefüllt, so können sie auch mit den in der Starkstromtechnik üblichen Spannungen betrieben werden. Solche mit Helium oder Neon in sehr verdünntem Zustande gefüllten Lampen, die eine große und eine kleine Elektrode besitzen, lassen den Wechselstrom in der Richtung von der kleinen zur großen Elektrode hindurch, während sie ihm in der umgekehrten Richtung einen großen Widerstand entgegensetzen, so daß er in dieser Richtung fast Null wird. Es bleiben also gleichgerichtete Stromstöße übrig, die zum Laden eines Akkumulators verwandt werden können.

Einen von den Hydrawerken in Berlin-Charlottenburg konstruierten Gleichrichter nach diesem Prinzip zeigt Abb. 33 in der Gesamtansicht, Abb. 34 in schematischer Darstellung. An den Klemmen *a* und *b* wird der Wechselstrom abgenommen. In der einen Zuleitung liegt eine Sicherung *c* und ein einstellbarer Widerstand *d*. Der Akkumulator *e* ist dann in der angedeuteten Weise anzuschließen. Die Zahl der vorzuschaltenden Lampen ist nach der Ladestromstärke zu bemessen. Da jede Lampe nur mit 0,2 Amp. belastet werden darf, sind bei einer Ladestromstärke von 1 Amp. 5 Lampen parallel zu schalten. Dabei ist jede Lampe in der angegebenen Weise durch eine besondere Sicherung und einen besonderen Vorschaltwiderstand zu schützen.

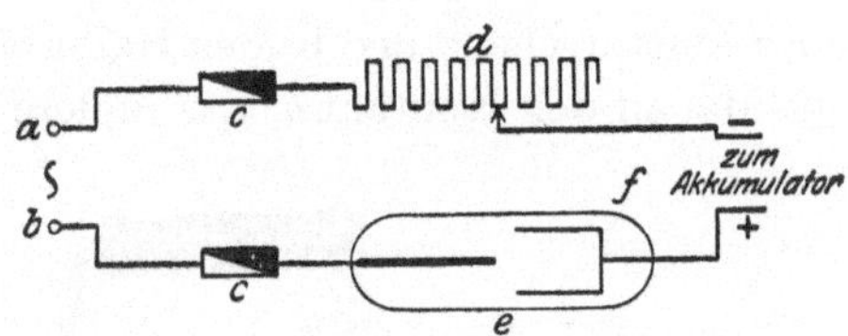

Abb. 34. Schaltschema zum Glimmlicht-Gleichrichter.

In den letzten Jahren hat sich die Betriebssicherheit der mechanischen Gleichrichter, die unter dem Namen **Pendelgleichrichter** geführt werden, so sehr vervollkommnet, daß wir gerade diese besonders empfehlen möchten. Die Pendelgleichrichter beruhen darauf, daß ein durch den Wechselstrom elektromagnetisch betätigtes Pendel den Strom jedesmal nach einer halben Periode umkehrt. Die Wechselspannung des Netzes wird zunächst durch den Transformator *a* (Abb. 35), dessen Sekundärspule in der Mitte angezapft ist, so umgeformt, daß die erreichte Sekundärspannung die erforderliche Ladestromstärke durch die Anordnung schickt. In der Mitte der Sekundärspule ist über einen Widerstand *b* und die zu ladende

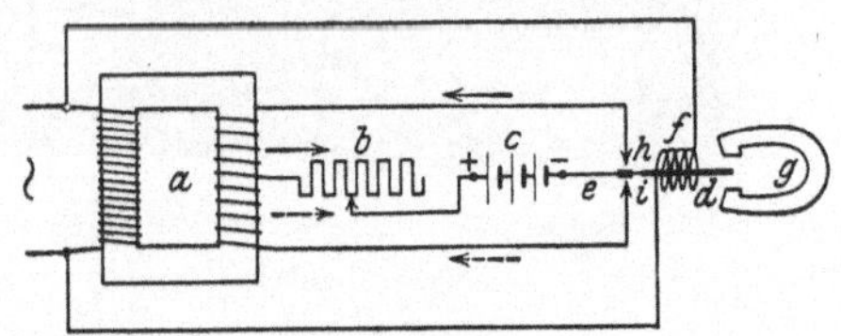

Abb. 35. Schaltungsschema eines Pendelgleichrichters.

Batterie c eine mit einem Eisenfortsatz d versehene Ankerfeder e angeschlossen. In der Wechselstromspule f wird nun der Eisenfortsatz der Ankerfeder wechselweise magnetisiert, so daß er von den Polen des Dauermagneten g abwechselnd angezogen und abgestoßen wird und in schwingende Bewegung gerät. Dabei legt sich die Ankerfeder e entsprechend den beiden Halbwellen des Wechselstroms das eine Mal an den Kontakt h, das andere Mal an den Kontakt i an,

Abb. 36. Pendelgleichrichter der Hydrawerke.

und so geht der Strom durch die schwingende Feder und die angeschlossene Ladeeinrichtung immer in derselben Richtung. Ist z. B. der Wickelungssinn der Wechselstromspule f derart, daß bei der durch den ausgezogenen Pfeil angegebenen Stromrichtung in der sekundären Spule die Feder sich an den Kontakt h legt, so fließt Strom in der Richtung von + nach — durch die Batterie c; wechselt nun in der zweiten Halbperiode die Stromrichtung (gestrichelter Pfeil), so legt sich die Feder an den Kontakt i, und wieder fließt der Strom von + nach — durch die zu ladende Batterie. Der Wechselstrom wird also in pulsierenden Gleichstrom umgesetzt.

Der Widerstand *b* dient zur Regelung der Ladestromstärke. Die Dimension der schwingenden Feder ist so zu bemessen, daß ihre Schwingungszahl ungefähr mit der des Wechselstroms (50) übereinstimmt.

Gleichrichter nach dem angegebenen Prinzip bauen die Hydrawerke, Berlin-Charlottenburg (Abb. 36). Der Preis einer stationären oder tragbaren Ladestation für Heizbatterien dürfte zwischen 100 und 200 Goldmark betragen. Abb. 37 zeigt einen von der Firma Dr. Max Levy, Berlin, herausgebrachten Pendelgleichrichter, der sich durch hohen Wirkungsgrad (65%) auszeichnet.

Abb. 37. Pendelgleichrichter der Firma Dr. Max Levy.

Wie der Radioamateur mit einfachen Mitteln selbst einen Pendelgleichrichter bauen kann, wird in Heft 1, Jahrgang 1924 der Zeitschrift „Der Radioamateur" ausgeführt. Der dort beschriebene Gleichrichter ist jedoch nur für schwache Ströme geeignet und nützt außerdem nur die eine Richtung des Wechselstromes aus. Geschickte Bastler werden aber an der Hand der obigen Ausführungen einen vollkommeneren Pendelgleichrichter herstellen können.

Die billigsten Gleichrichter sind wohl die nach dem Prinzip von Graetz hergerichteten elektrolytischen. Sie beruhen darauf, daß das Aluminium, das als Elektrode benutzt wird, sich mit einer isolierenden Schicht von Aluminiumoxyd überzieht, wenn es Anode ist, und dann also den Strom nicht durchläßt. Der Gleichrichter besteht danach aus einer elektrolytischen Zelle, die als Elektroden eine Aluminiumplatte und eine Platte aus einem indifferenten Leiter 1. Klasse (Eisen, Kohle, Blei) und als Elektrolyten eine die letzteren nicht angreifende Lösung einer Base, einer Säure oder eines Salzes enthält (Schwefelsäure, Alaun, Soda, Natriumphosphat[1]). Wird nun an die beiden Elektroden *a* und *b* nach Abb. 38 *a*, *b* eine Wechselspannung von mehreren Volt gelegt, so überzieht sich die Aluminiumplatte *a* jedesmal, wenn sie

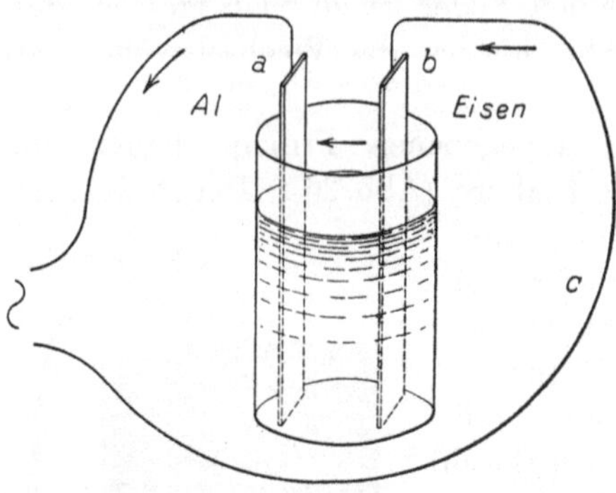

Abb. 38 a. Gleichrichterzelle.

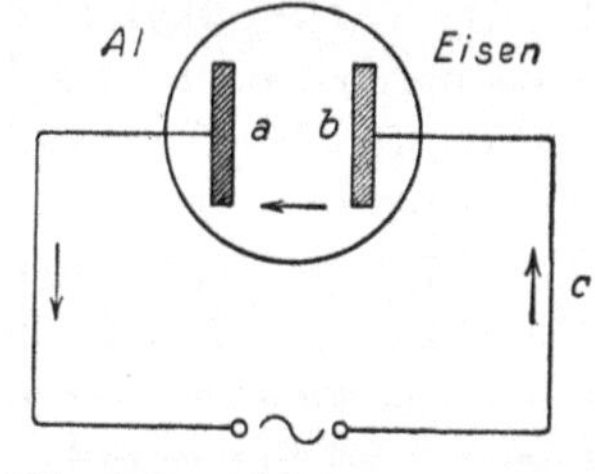

Abb. 38 b. Gleichrichterzelle.

Anode ist, mit einer isolierenden Schicht von Aluminiumoxyd, während dann, wenn sie Kathode ist, das Oxyd reduziert wird, alsoSt romdurchgang erfolgt. In dem Stromkreis *a*, *b*, *c* kann daher nur Strom in der Richtung des Pfeiles fließen, die Aluminiumplatte ist somit für diesen Strom stets als + - Pol aufzufassen. Um nun beide Halbwellen ausnützen zu können, müssen wir vier solche Zellen in geeigneter Weise einschalten. Das Schaltschema gibt Abb. 39 wieder. Die Wechselspannungen können bei *F* und *G* zugeführt, die Ladespannung bei *C* und *D* abgenommen werden. In der schematischen Darstellung der Zellen sollen die kurzen dicken senkrechten Striche die Aluminiumplatte andeuten, diese ist beim Laden mit dem + - Pole der Akkumulatorenbatterie *B* zu verbinden (in der Abb. oben). Die gestrichelten Pfeile deuten den Weg der einen, die ausgezogenen den der anderen Halbwelle an. In Abb. 40 sind die mit dem Oszillographen aufgenommenen Span-

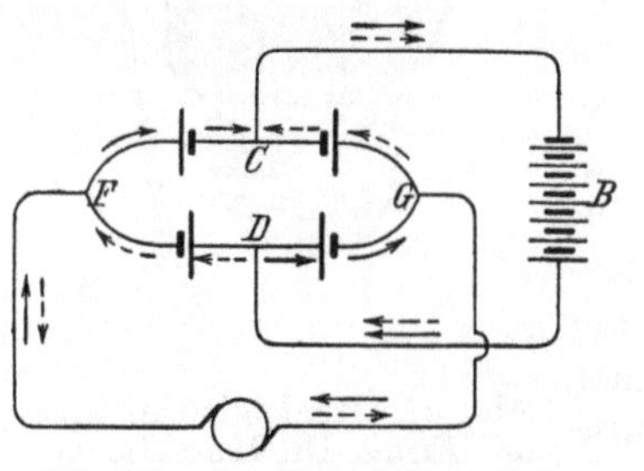

Abb. 39. Schaltung für 4 Zellen nach Graetz (nach Benischke).

[1]) Etwa ein Teil Salz auf 10 Teile Wasser.

nungskurven des Wechselstromes und des Gleichstromes gegeben; man sieht, daß es sich bei diesem um einen pulsierenden Gleichstrom handelt.

Die geschilderte Gleichrichterwirkung zeigen die Zellen nach Graetz bei Spannungen bis zu 100 Volt und mehr, jedoch läßt die Wirkung mit wachsender Spannung schnell nach, so daß es sich nicht empfiehlt, die Spannung für eine Zelle über 30 Volt zu steigern. Die Einzellenanordnung in Abb. 38 wäre demnach mit etwa 30 Volt, die Vierzellenanordnung in Abb. 39, in der zwei Zellen in Reihe geschaltet sind, mit 60—70 Volt zu belasten.

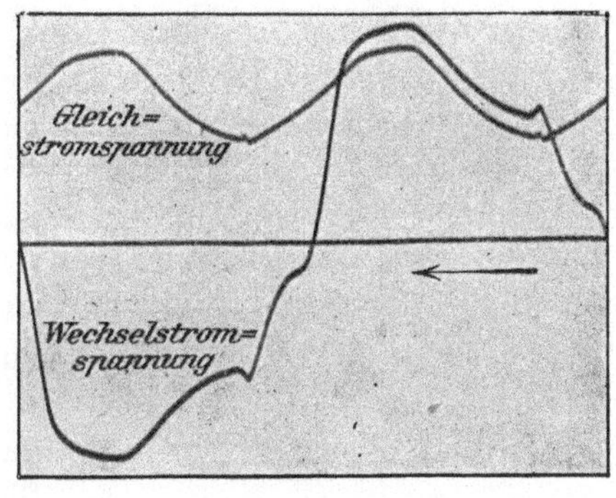

Abb. 40. Spannungskurven (nach Benischke).

Da die zum Laden des Akkumulators zur Verfügung stehende Wechselstromquelle meistens höhere Spannung haben wird, darf man nicht die ganze Netzspannung unmittelbar an die Elektroden der Gleichrichterzelle legen, sondern wird durch einen Transformator die Spannung im richtigen Verhältnis herabtransformieren. Die zu verwendenden Transformatoren müssen primär eine Belastung mit 110 oder 220 Volt, je nach der Netzspannung vertragen und sekundär die Abnahme einer Spannung von 30 oder 60 Volt, je nachdem, ob es sich um eine Einzellen- oder Vierzellenanlage handelt, bei 3 Ampere Stromstärke gestatten.

Gleichrichteranlagen nach dem Prinzip von Professor Graetz baut z. B. die Phywe (Physikalische Werkstätten), Göttingen. Diese Zellen bestehen aus einem starken eisernen Gefäß, das die negative Elektrode bildet und ein besonderes Glasgefäß erübrigt. Den positiven Pol bildet ein Stab aus möglichst reinem Aluminium, der in einer Salzlösung (Phywe-Gleichrichtersalz) steht. Für das Laden der Akkumulatoren des Radioamateurs kommt besonders die Vierzellenanlage mit oder ohne Transformator in Frage (Type *G* 5 bis *G* 10). Die Ausführungen *G* 5 und 6, die 2 bzw. 4 Amp. durchlassen, sind nicht mit Transformatoren ausgerüstet, während *G* 7 bis 10 Transformatoren mit regulierbarer Sekundärspannung enthalten. Die Type *G* 10, die für eine Netzspannung von 220 Volt bestimmt ist und eine Belastung bis 4 Amp. verträgt, ist in Abb. 41 in der Gesamtansicht, in Abb. 42 im Schaltschema dargestellt (man vgl. Tabelle IX auf S. 66).

Abb. 41. Phywe-Gleichrichter mit Transformator.

Auch Transformatoren werden von der Firma für diejenigen, die sich die Zellen selbst bauen wollen, einzeln abgegeben (siehe darüber Tabelle XI auf S. 67). Der Bau solcher Zellen ist nämlich nicht schwierig und aus den obigen Ausführungen wohl ersichtlich; man beachte dabei, daß die Elektrodenoberfläche so zu bemessen ist, daß für 20 cm² Oberfläche höchstens 0,25 Amp. entnommen werden. Will man also mit 2 Amp. laden, so muß bei der Vierzellenanordnung die Plattengröße etwa 80 cm² betragen.

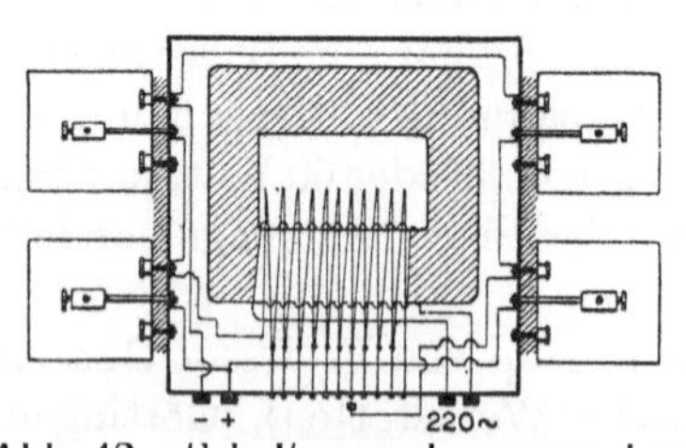

Abb. 42. Schaltungsschema zu dem Gleichrichter in Abb. 41.

Da die Ladeschwierigkeiten bei fehlendem Gleichstromanschluß, noch mehr aber bei gänzlichem Mangel einer Starkstromquelle nicht unerheblich sind, geht die Radioindustrie in neuester Zeit zu Röhren über, die nur eine Heizspannung von etwa 2 Volt und einen Heizstrom von 0,1 bis 0,2 Amp. oder noch weniger gebrauchen. Der neue Röhrentyp der Marconi-Osram-Gesellschaft braucht zur Beheizung eine Stromstärke von nur 0,06 Amp. bei 3,5 Volt, so daß für einen Dreiröhrenempfänger im ganzen nur 0,18 Amp. benötigt werden. Nun werden auch diese Sparlampen den Akkumulator als Heizstromquelle nicht verdrängen können, aber überall da, wo dem Aufladen der Zellen Schwierigkeiten entgegenstehen, wo also ein Ladestrom überhaupt nicht zur Verfügung steht, wo die Anschaffung teurer und unwirtschaftlich arbeitender Gleichrichter (Wechselstrom) erforderlich ist, oder wo das Aufladen dadurch sehr teuer wird, daß nur ein kleiner Bruchteil der Ladeenergie nutzbar gemacht wird, wie beim Laden mit Gleichstrom aus dem Ortsnetz unter Vorschaltung eines Widerstandes, werden Trockenelemente als erfolgreiche Konkurrenten auftreten.

Die zu verwendenden Trockenelemente müssen natürlich eigens für den Zweck der Heizung einer Röhre eingerichtet sein, und man wird daher nur Fabrikate von Firmen verwenden, die bereits einen guten Ruf auf diesem Gebiete haben (Batterien- und Elementenfabrik System Zeiler A.-G., Berlin SO 16, Elektrotechnische Fabrik Schmidt & Co., Berlin N 39). Abb. 43 zeigt eine „Daimon" Heizbatterie. Der Nachteil, der darin besteht, daß die aufgebrauchte Batterie nicht wieder aufgeladen werden kann, wird durch den bedeutend geringeren Anschaffungspreis wettgemacht. Hinzu kommt, daß man bei Verwendung von Sparlampen mit einer Trockenbatterie einige Monate reicht.

Abb. 43. Heizbatterie aus Trockenelementen.

Anodenbatterien.

α) Batterien aus Trockenelementen.

Für den Anodenstromkreis sind Spannungen von 20—100 Volt erforderlich, je nach der verwandten Elektronenröhre. Man achte beim Einkauf der Batterien wie auch der Röhren auf diesen Punkt. Es ist immerhin empfehlenswert, die Spannung der Batterie etwas höher zu wählen, als auf den Röhren angegeben, da man zu niederen Spannungen fast immer heruntergehen kann. Auch kommt es nicht genau auf Innehaltung der angegebenen Spannung an, da der am steilsten verlaufende Teil der Kennlinie, die die Abhängigkeit des Anodenstromes von der Anodenspannung angibt, sich über einen immerhin umfangreichen Spannungsbereich erstreckt.

Die aus der Anodenbatterie zu entnehmenden Stromstärken sind äußerst gering und betragen selten mehr als ein Milliampere für jede Röhre. Trotzdem hat man bei Stromquellen mit großem innerem Widerstande, wie ihn einige Trockenelemente haben, zuweilen mit einem merklichen Spannungsabfall[1]) zu rechnen. Bei Akkumulatoren kommt ein Spannungsabfall nicht in Betracht.

Die Zahl der angepriesenen Fabrikate in Anodenbatterien ist sehr groß und wächst täglich. Am billigsten sind die Batterien aus Trockenelementen (etwa 6—12 M., je nach Spannung und Qualität). An die Elemente dieser Batterien sind dieselben Anforderungen zu stellen, wie an jedes gute Trockenelement (vgl. S. 13). Vor allem kommt es auf eine gute Depolarisationswirkung an, damit die Spannung im Betriebe nicht allzu sehr sinkt und sich vor allen Dingen in den Ruhepausen rasch wieder erholt. Die Qualität des verwandten Materials, namentlich die Reinheit des Zinks und des Braunsteins, spielt daher bei der Haltbarkeit der Batterie die größte Rolle. Sehr wesentlich ist bei den Hochspannungsbatterien auch die gute Isolierung der Elemente untereinander, nicht nur wegen der bei schlechter Isolierung eintretenden Verluste, sondern vor allen Dingen wegen der sonst vorkommenden Kriechströme, die Geräusche im Empfänger verursachen.

Abb. 44. Anodenbatterie „System Zeiler“.

Die Braunstein-Trockenelemente haben eine Spannung von 1,5 Volt, so daß also 40 von ihnen hintereinander geschaltet werden müssen, damit man eine Spannung von 60 Volt erhält. Die Lagerfähigkeit beträgt bis zu 9 Monaten. Darüber hinaus werden sie auch bei Nichtbenutzung unbrauchbar.

Abb. 44 zeigt eine derartige Anodenbatterie der Zeiler A.-G., Berlin SO 16. Sie wird in allen Spannungen von 30—100 Volt ausgeführt. Die Type für 100 Volt ist in Stufen von 9 Volt unterteilt, so daß man jeden Spannungsbereich abnehmen kann.

Auch die Spezialfabriken für Elektrotechnik Gebrüder Neumann & Co., Berlin SW 61, bauen seit Jahren derartige Anoden-

[1]) Der Spannungsabfall ist gleich dem Produkt $J \cdot W_i$, wo J die Stromstärke, W_i den inneren Widerstand bedeutet.

batterien, ferner die Elektrotechnische Fabrik Schmidt & Co., Berlin SW 61.

Eine besondere Type ist das Hellesen-Trockenelement der Firma Siemens & Halske, das vor der Inbetriebnahme gefüllt wird (Abb. 45). Der Vorzug dieses Elementes besteht darin, daß es durch Lagerung nicht unbrauchbar werden kann, solange die darin enthaltenen Salze nicht durch hinzugefügtes Wasser aufgelöst worden sind. Eine Zusammenstellung der wichtigsten Typen des Hellesen-Elements zeigt die Tabelle XII auf S. 67. Jedes Element hat 1,5 Volt Spannung, und der Radioamateur

Abb. 45. Hellesen-Trockenelement.

Abb. 46. Einzelfüll- [element.

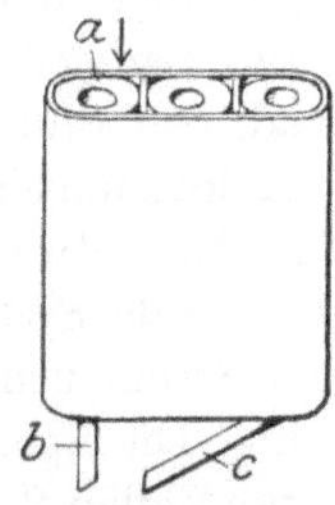

Abb. 47. Auffüllbatterie für Export.

kann sich durch Zusammenschalten der erforderlichen Anzahl seine Anodenbatterie selbst zusammenbauen.

Auch die Firma Liman & Oberlaender baut eigens für den Radioamateur Einzelelemente, die sich beliebig zu Anodenbatterien zusammenstellen lassen. Das Element ist ein Zinkbraunstein-Trockenelement, das erst kurz vor Inbetriebnahme durch Einfüllen von Wasser gebrauchsfertig gemacht wird (Abb. 46). Es besitzt infolgedessen ebenso wie das von Siemens & Halske eine sehr große Lagerfähigkeit. Die Spannungen (1,5 Volt für jede Zelle) können an zwei Messingstreifen abgenommen werden. Diese sind so ausgebildet, daß durch einfaches Zusammenkneifen und nachfolgendes Festlöten die Elemente zu Batterien zusammengesetzt werden können.

Im Notfall kann der Radioamateur auch von Taschenlampenbatterien, die ja überall zu haben sind, Gebrauch machen, wobei wir wieder besonders auf die für Lager- und Exportzwecke in Betracht kommenden Auffüllbatterien hinweisen möchten. Die Abb. 47 zeigt eine solche Batterie, die mit drei Elementen eine Spannung von 4,5 Volt hat. Vor Inbetriebnahme wird die untere Deckelplatte entfernt und nun, wie in der Abb. 47 an dem Element *a* gezeigt ist, eine kleine Menge Wasser eingeführt. Nachdem die Elemente gefüllt sind, wird die Batterie geschlossen und umgedreht. Die Spannungen sind, ähnlich wie bei der soeben beschriebenen Type der Firma Liman & Oberlaender, zu zwei Messingstreifen geführt, durch die die Verbindung der Elemente untereinander hergestellt wird.

β) Anodenakkumulatoren.

Wenn aber der Anschaffungspreis keine allzugroße Rolle spielt und Ladegelegenheit vorhanden ist (S. 55), möchten wir dem Radioamateur auch für die Anodenbatterie den Gebrauch von Akkumulatoren empfehlen. Gute Anodenakkumulatoren kosten etwa 30—90 M. Der Hauptvorzug ist die stets gleichbleibende Spannung; ein Spannungsabfall tritt wegen der geringen Stromentnahme und des kleinen inneren Widerstandes kaum ein. Die Spannung beträgt für jede der hintereinander geschalteten Zellen 2 Volt und ist nur kurz nach dem Laden etwas größer, und das Entladen darf solange fortgesetzt werden, als die verfügbare Spannung noch mindestens 1,8 Volt für jede Zelle beträgt. Die Elemente sind hintereinander geschaltet, so daß man für 60 Volt Anodenspannung eine Batterie aus 30 Elementen gebraucht. Es genügt bei richtiger Behandlung, wenn die Batterie alle 2—3 Monate aufgeladen wird.

Die Firma Akkumulatorenfabrik Aktiengesellschaft (Afa), Berlin SW 11, liefert durch ihre Abt. Varta Batterien von 30—80 Volt Spannung (s. Tabelle XIII, S. 67). Die Type *Qh* 30—80 besteht aus 5teiligen Einzelbatterien von je 10 Volt Spannung in Kautschukgefäßen. Die Einzelbatterien sind in einen Holzkasten montiert und durch kleinere Bretter voneinander getrennt, so daß Nebenschlüsse, die bei hohen Spannungen leicht dadurch eintreten können, daß Säure an den Gefäßen herunterläuft (Vorsicht darum!) nach Möglichkeit vermieden werden. Die Spannungen können an den an dem Holzkasten dafür vorgesehenen Klemmen abgenommen werden.

Abb. 48 zeigt die Type *Qh* 50 der genannten Firma.

Die Firma liefert außerdem Einzelteile, aus denen der Radioamateur leicht selbst eine Batterie zusammenstellen kann. Die

Abb. 48. Anodenbatterie der Akkumulatorenfabrik Aktiengesellschaft (Varta).

Abb. 49. Batterie aus U-Elementen (Varta).

zylindrischen Glasgefäße werden reihenweise zu je 5 Stück in den dafür vorgesehenen Holzkasten gestellt und durch Holzleisten getrennt und festgehalten (Abb. 49). Die Schlußleiste wird durch zwei Nägel befestigt. Nachdem die Bodeneinsätze in die Gefäße richtig eingelegt worden sind, werden die Platten, anfangend bei der mit + bezeichneten Stelle, eingefügt. Die erste (braune + -Platte) und letzte Platte (graue — -Platte) sind einzeln, alle anderen zu Paaren so angeordnet, daß die — -Platte einer Zelle mit der + -Platte der folgenden durch einen Bleibügel verbunden ist. Zum Schluß werden die Deckel aufgelegt. Die Batterie vereinigt zwei Momente, die man selten zusammen findet: Qualitätsarbeit und billigen Preis.

Abb. 50. Anodenbatterie der Akkumulatorenfabrik System Pfalzgraf.

In Abb. 50 ist eine Anodenbatterie der Firma Akkumulatorenfabrik System Pfalzgraf, Berlin N 4, dargestellt, die aus Doppelelementen zusammengebaut ist. Beim Einfüllen der Säure ist darauf zu achten, daß genügend freier Raum unter dem Deckel bleibt; so wird das Herausspritzen der Säure vermieden. Auch diese Batterie wird in allen Spannungsbereichen hergestellt; über die näheren Einzelheiten gibt Tabelle XIV, S. 68 Auskunft.

Die in Abb. 51 dargestellte Batterie wird von der Gottfried Hagen A.-G., Köln-Kalk, hergestellt, über die Betriebsverhältnisse lese man in Tabelle XV, S. 68 nach. Durch einen Stufenschalter können verschiedene Spannungsbereiche eingeschaltet werden.

Abb. 51. Anodenbatterie der Akkumulatorenfabrik Gottfried Hagen.

Die Firma Liman & Oberlaender liefert kleine zylinderförmige Elemente in Zelluloidgefäßen, die zu je 5 zu einer Einzelbatterie von 10 Volt Spannung in einem viereckigen Zelluloidkasten zusammengebaut werden. Nebenschlüsse werden dadurch verhütet, daß die einzelnen Elemente in der Batteriezelle durch Querwände aus Zelluloid voneinander getrennt sind. Die Einzelbatterien zu 10 Volt lassen sich in beliebiger Zahl zusammenschalten.

Schließlich besteht für den Radioamateur auch noch die Möglichkeit, seinen Hochspannungsakkumulator für den Anodenkreis selbst zu bauen. Über die dabei zu beachtenden Grundsätze haben wir bereits früher gesprochen. Den einfachsten Anforderungen genügt schon eine Batterie aus Reagensgläsern mit eingehängten Bleistreifen als Elektroden. Etwa 45 nicht zu enge Reagensgläser werden in einen dafür passenden Zigarrenkasten gestellt. Damit die Gläser sich nicht berühren und nicht umfallen können, teile man den Kasten vorher durch Quer- und Längswände in soviel Zellen, als Reagensgläser vorhanden sind (5·9 Zellen erhält man durch 8 Quer- und 4 Längswände). Wer noch ein übriges tun will, gieße dann die Gläser mit einer Isoliermasse (Paraffin) fest.

Vorsichtig füllt man dann die Gläser mit verdünnter Schwefelsäure von der auf S. 20 angegebenen Beschaffenheit. Man achte dabei sorgfältig darauf, daß nichts verschüttet wird. Um zu verhindern, daß die Säure an den Glaswänden hochkriecht, gießt man noch ein paar Tropfen Paraffinöl auf die Säureoberfläche.

Nunmehr besorge man sich Walzblei von 1—2 mm Stärke und lasse sich beim Klempner gleich Streifen von 1 cm Breite und etwa 20 cm Länge daraus schneiden; die Abmessungen sind so zu wählen, daß ein Streifen zugleich + - Platte der einen Zelle, — - Platte der nächsten und Verbindungsstück zwischen beiden ist. Die Streifen werden daher U-förmig so umgebogen, daß die beiden Schenkel noch eben in zwei benachbarten Reagensgläsern stehen können; bei den Endgläsern ist die Form zweckmäßig abzuändern. Um die Bildung der aktiven Masse zu erleichtern, ritze man die Platten, soweit sie in der Säure stehen werden, kreuz und quer mit dem Taschenmesser. Die Endplatten werden zu zwei Klemmschrauben geführt, die außen am Kasten anzubringen sind.

Nachdem man sich überzeugt hat, daß die Platten sich in der Säure nirgends berühren, daß sie überall in den Gläsern den gleichen Abstand haben, kann man mit dem Formieren der Platten beginnen; man ladet zu diesem Zwecke mit einer Stromstärke von etwa 0,05 Amp. zuerst nur etwa 10 Minuten, dann immer länger bald in der einen, bald in der anderen Richtung. Zuletzt lädt man etwa eine Stunde in einer Richtung. Nunmehr ist der Akkumulator schon soweit formiert, daß er für einen Abend Strom hält. Zunächst wird man ihn dann weiter vor jeder Benutzung laden müssen; aber mit der Zeit wird seine Kapazität immer größer, besonders, wenn man zwischendurch die Laderichtung recht häufig wechselt. Mit steigender Kapazität kann man dann auch die Ladestromstärke etwas ansteigen lassen.

Ein Weg, wie man zu einem etwas vollkommeneren Akkumulator kommt, wird in Heft 1, Jahrgang 1924 der Zeitschrift „Der Radioamateur" angegeben. Aus diesem Aufsatz sind die folgenden Angaben zum größten Teil entnommen.

Wer sich alte unbrauchbare Akkumulatoren beschaffen kann (Altmaterialpreis!), wird die in diesen enthaltene noch brauchbare aktive Masse mit Vorteil verwenden können. Eine gute positive Platte ist dunkelbraun, hart und auf der Oberfläche glatt und eben; es ist keine Oxydmasse aus dem Bleigitter herausgefallen. Eine gute negative Platte ist grau (Bleifarbe) und von gleicher Oberflächenbeschaffenheit. Durch Sulfatüberzug weiß gewordene Platten können nur benutzt werden, wenn der weiße

Überzug sich vollständig entfernen läßt. Die brauchbaren Platten werden einzeln von ihren Bleifortsätzen abgekniffen und auf einer ebenen Unterlage mit einem Stechbeitel oder Messer in kleine Platten von 5,5 cm Kantenlänge zerschnitten. Bei den + - Platten wird recht vorsichtig das Bleigitter entfernt, ohne die Oxydmasse zu zerstören; man erhält dann braune Oxydklötze, deren Form je nach dem Ausgangsmaterial variieren wird.

Die weitere Arbeit besteht nun darin, um die Oxydklötze ein Bleigerüst zu gießen. Die Form läßt sich sehr gut aus Zigarettenkistenblech herstellen; ihre Größe bestimmt sich aus der Größe der Klötze oder der ausgeschnittenen Plattenstücke, wobei für das Blei ein Rand von 2—3 mm zu rechnen ist. Nähere Einzelheiten sind aus der Abb. 52 zu ersehen. Den Fortsatz wählt man zweckmäßig 6 mm breit (nicht 6 cm, wie in der Abb. 52[1]) versehentlich angegeben). Die Ränder der Form werden mit einer Zange hochgebogen, und es wird über die bei AB entstehende Aussparung ein Blechwinkel W gelegt. Beim Guß muß die Form erhitzt sein (auf den heißen Küchenherd oder auf eine Gasflamme stellen), damit das Blei nicht zu früh erstarrt und Zeit hat, gleichmäßig um die Klötze zu fließen. Ebenfalls müssen die Klötze beschwert werden, da Blei schwerer ist als die Oxyde.

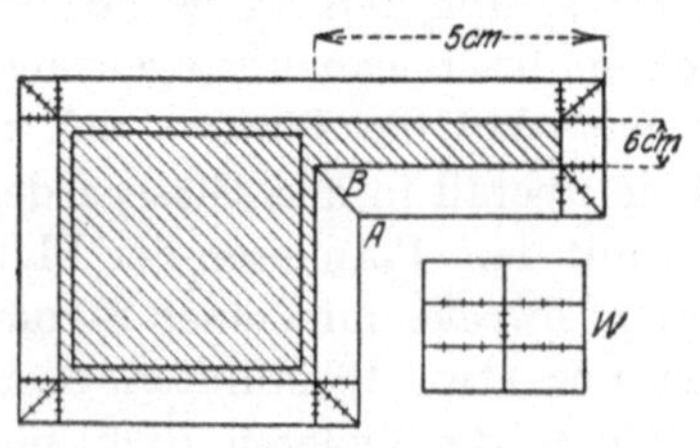

Abb. 52. Grundriß der Form zum Plattengießen.

Die Gefäße werden aus Glasplatten, die man sich am besten aus alten photographischen Platten schneiden läßt, bzw. selbst schneidet, oder aus Zelluloid oder Pappe hergestellt. Die Größe des Gefäßes für ein Element ergibt sich aus der Plattengröße, wobei zu beachten ist, daß 1 cm Schlammraum unter den Platten freizubleiben hat, daß die Säure 1 cm die Platten bedecken muß und daß etwa 2 cm für den Verschluß zu rechnen sind. Die Breite ist so zu bemessen, daß noch ein Zwischenraum von 0,5 cm zwischen der + - und — - Platte freibleibt.

Das Aneinanderkleben der Gefäßplatten ist am einfachsten beim Zelluloid; man verwendet dann am besten Azeton, in dem

[1]) Abb. 52, 53, 54, 55 sind entnommen aus der Zeitschrift Der Radioamateur, Berlin: Julius Springer und M. Krayn.

man soviel Zelluloid auflöst, daß eine dickflüssige Lösung entsteht, oder Atlas-Schuhkitt. Sollen die Gefäße aus Pappe hergestellt werden, so wähle man nicht zu dünne Pappe, die mit Syndetikon (Fischleim) geklebt wird. Die Pappgefäße werden in einem Gemische aus Kolophonium und Wachs, dem soviel Leinöl zugesetzt wird, daß das Ganze auch nach dem Erkalten noch eine dicke fadenziehende Masse ist, gekocht. Darauf kann man die Außenseite mit Papier bekleben; das Papier haftet von selbst an der Pappe. Nun werden die Gefäße bis etwa 1 cm unter den Rand mit heißem flüssigem Kolophonium gefüllt, das nach einigen Sekunden wieder ausgegossen wird. Will man Glasplatten verwenden, so stellt man am besten einen größeren Kasten her, der durch Querwände in soviel Teile geteilt wird, als der Akkumulator Zellen haben soll. Nachdem man die Größe dieses Kastens errechnet hat, stellt man sich zunächst ein Holzgestell her, in das der Kasten gerade hineinpaßt (Abb. 53). Diesen Rahmen läßt man nachher zur Erhöhung der Festigkeit sitzen. Zuerst legt man die Grundplatte hinein, dann bestreicht man die Kanten der Seitenplatten mit dem bereits oben erwähnten Kolophonium-Wachskitt und setzt sie mit gelindem Druck an ihren Ort. Darauf werden die Zwischenwände ebenso eingesetzt. Nun gießt man noch sämtliche Kanten aus mit dem heißen Kolophonium-Wachskitt, dem man diesmal aber nur wenig Leinöl zusetzt, so daß er beim Erkalten hart wird. Nachdem man noch auf dem Boden jeder Zelle zwei Leisten zum Tragen der Platten angebracht hat, kann man diese einsetzen.

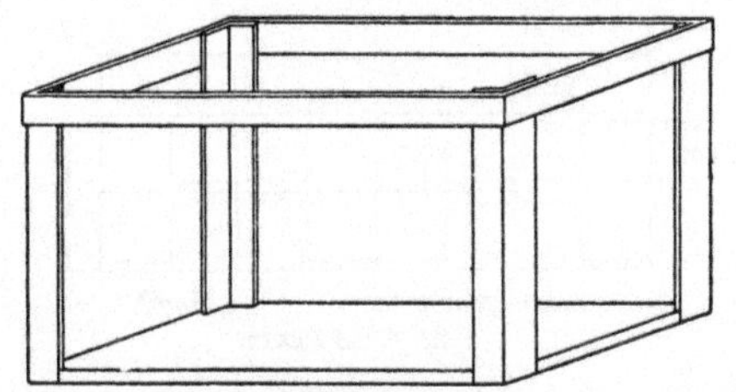
Abb. 53. Rahmen für Glasgefäße aus paraffinierten Holzleisten.

Vor dem Zugießen füllt man die Zellen bis 1 cm über den oberen Plattenrand mit Wasser, gießt dann eine 2 mm starke Schicht Paraffin darauf, dann folgt ein Guß mit dem leinölhaltigen Kolophonium-Wachskitt, auf den nach dem Erstarren noch eine Schicht aus Kolophonium-Asphaltkitt gegossen wird. Durch alle Schichten geht ein Glasrohr, welches während des Gießens so gehalten wird, daß es die Wasseroberfläche gerade berührt.

Nunmehr sind nur noch die Bleifortsätze miteinander zu verlöten. Zu dem Zwecke gießt man sich kleine Bleiriegel, die gerade von Fortsatz zu Fortsatz reichen. Blei wird nie mit Lötwasser oder Kolophonium gelötet. Man löte einfach mit dem sauberen, blank gefeilten Lötkolben.

In dem erwähnten Aufsatz wird auch noch ein Weg gezeigt, wie man aus neuem Material die Platten selbst herstellen kann. Es werden aus Walzblei die Stücke von der Größe der herzustellenden Platten etwa nach Abb. 54 ausgeschnitten und dann nach Abb. 55 angebohrt. Die mit dem + bezeichneten Stellen sind die Bohrungen für die Niete, durch die je zwei Blechstücke zu einer Platte zusammengenietet werden, nachdem die Mischung aus Bleioxyden und verdünnter Schwefelsäure dazwischen gestrichen

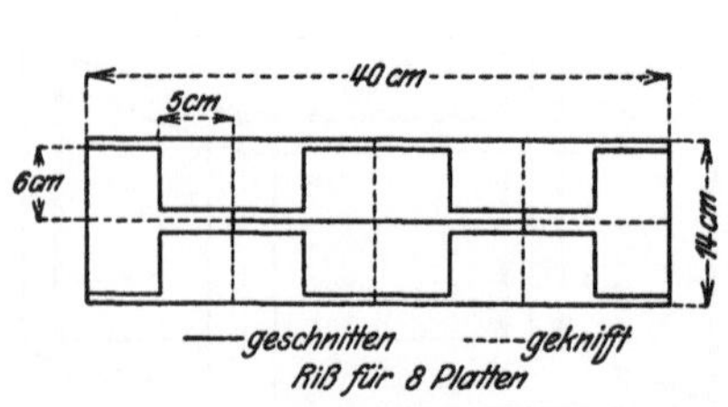

Abb. 54. Riß zum Zerschneiden des Walzbleis.

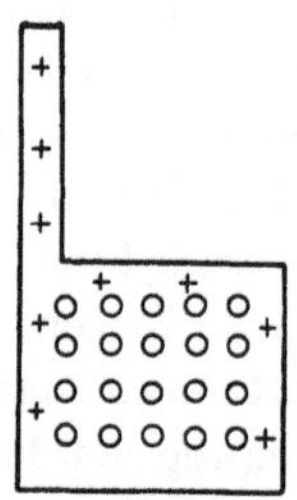

Abb. 55. Lochung und Nietung der Platten.

ist (s. w. u.) Die gebohrten Blechstücke werden nun zunächst formiert (ehe die Masse aufgestrichen ist), indem man je zwei von ihnen zu einer Platte zusammenbindet (das fällt weg, wenn man diese beiden Teile aus einem Stück schneidet, wie es die Abb. 54 vorsieht), sie nun als + - und — - Platten in die dafür vorgesehenen Gefäße mit verdünnter Schwefelsäure stellt und den Ladestrom von etwa 0,3 Amp. zwei Stunden in der einen, 5 Stunden in der anderen Richtung hindurchschickt. Die + - Platten haben jetzt einen braunen Überzug bekommen. Zwischen die + - Platten wird dann eine Schicht aus einem feuchten Brei von verdünnter Schwefelsäure und Mennige, zwischen die — - Platten eine ebensolche Schicht aus Bleiglätte und verd. Schwefelsäure gestrichen. Sämtliche + - Platten, ebenso sämtliche — - Platten werden dann aufeinander geschichtet und 24 Stunden lang durch ein Gewicht von etwa 50 kg beschwert und dann getrocknet.

Durch die mit + bezeichneten Löcher wird dann ein Bleidraht gesteckt und vernietet. Das Einsetzen in die Gefäße geschieht, wie oben angegeben. Immerhin muß bemerkt werden, daß die Selbstherstellung einer Anodenbatterie sehr viel Geschicklichkeit voraussetzt, so daß wir nur äußerst geschickten und erfahrenen Bastlern dazu raten können.

Die angeführten Anodenbatterien aus Akkumulatoren bedürfen besonderer Pflege und vorsichtiger Behandlung. Man achte auf peinliche Sauberkeit, wische etwa verschüttete Säure ab und reibe die benetzten Stellen vorsichtig ganz trocken. Auch achte man darauf, daß die Säure nicht zu hoch steht in den Gefäßen; beim Laden verspritzt leicht Säure, wenn die Gefäße zu voll sind. Nur die feuchte Oberfläche der Gefäße bildet die Nebenschlüsse, die die Batterie mit der Zeit unbrauchbar machen und die während des Empfangs störende Geräusche im Empfänger oder Verstärker hervorrufen. Man sorge ferner dafür, daß der Akkumulator rechtzeitig wieder aufgeladen wird. Auch wenn er nicht gebraucht wurde, muß man ihn nach etwa 2 Monaten wieder aufladen. Dabei darf die Ladestromstärke nicht zu groß sein, man bleibt im allgemeinen etwas unter der von den Firmen als maximal zulässig bezeichneten Stromstärke. Auf jeden Fall sichere man die Batterie sowohl beim Laden als auch beim Entladen durch einen hinreichend großen Widerstand (etwa 1000 Ohm Widerstand, Nickelindraht, Lampen- oder Flüssigkeitswiderstand)[1]). Etwa unbrauchbar gewordene Elemente wechsele man sofort aus.

d) Ladung der Anodenbatterie.

Das Laden der Anodenbatterie bietet im allgemeinen nicht größere Schwierigkeiten als die Ladung des Heizakkumulators. Bei Gleichstromanschluß hat man nur darauf zu achten, daß ein richtiger Vorschaltwiderstand gewählt wird. Nach der auf S. 31 angegebenen Formel läßt dieser sich immer einfach berechnen. Da der Ladestrom im allgemeinen 0,1 Amp. betragen dürfte, ergeben sich die in der folgenden Tabelle für die einzelnen Spannungen der Anodenbatterien errechneten Werte für den Vorschaltwiderstand

---

1) Handelt es sich um einen induktiven Widerstand (Drehspulenvoltmeter, Spule), so versäume man nicht, ihn durch einen Blockkondensator hoher Kapazität (1 MF) zu überbrücken.

a) bei 220 Volt Netzspannung:

Spannung der Anodenbatterie in Volt	20	40	60	80	100
Vorschaltwiderstand in Ohm	2000	1800	1600	1400	1200

b) bei 110 Volt Netzspannung:

Spannung der Anodenbatterie in Volt	20	40	60	80	100
Vorschaltwiderstand in Ohm	900	700	500	300	100

Man wird mit Vorteil von der Anordnung in Abb. 29, die auf S. 33 beschrieben ist, Gebrauch machen. Als Widerstände können Metallfadenlampen genommen werden. Eine 16kerzige Metallfadenlampe für 220 Volt Spannung hat einen Widerstand von reichlich 2000 Ohm. Näheres siehe Tabelle VIII auf S. 65. Zuweilen lädt man auch die Anodenbatterie im Nebenschluß, wenn man gleichzeitig den Heizakkumulator zu laden hat, wie die in Abb. 56 schematisch dargestellte Anordnung zeigt.

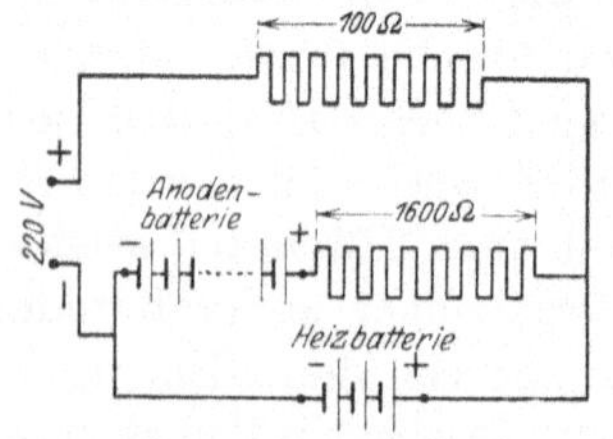

Abb. 56. Laden der Anodenbatterie im Nebenschluß zur Heizbatterie.

Hat man eine Gleichstromspannung zum Laden zur Verfügung, die geringer ist als die Spannung der aufzuladenden Akkumulatorbatterie, so muß man diese in Teilen laden. Man zapft sie zu dem Zwecke etwa in der Mitte an und lädt dann beide Teile für sich. Dabei muß natürlich darauf geachtet werden, daß die beiden Teile mit derselben Stromstärke gleich lange geladen werden.

Bei Wechselstromanschluß gilt zum großen Teil das, was auf S. 35 ff. über das Laden des Heizakkumulators gesagt ist. Das dort angegebene Umformeraggregat kommt natürlich nur dann in Frage, wenn die Gleichstromdynamo die nötige Spannung liefert. Auch scheidet der Quecksilberdampfgleichrichter im allgemeinen aus. Der Gleichrichter Radio-Ramar, der speziell für das Aufladen von Akkumulatoren gebaut ist, ist in der Form auch nicht ohne weiteres brauchbar, und die Glimmlichtgleichrichter sind nur dann zu verwenden, wenn der Unterschied zwischen Netzspannung und Ladespannung der Batterie groß genug ist, um den Ionenstrom hervorzurufen. Der Hydragleichrichter mit einer Lampe ist bis zu 50 Volt ohne weiteres zu verwenden. Da er 0,2 Amp. durchläßt, ist der Widerstand so zu bemessen, daß nur 0,1 Amp. durchgeht. Man schaltet zur Prüfung der Stromstärke immer ein Amperemeter ein.

Sehr gut brauchbar sind auch Pendelgleichrichter für kleine Stromstärken. Heft 1, Jahrgang 1924 der Zeitschrift „Der Radioamateur" bringt einen Aufsatz über die Selbstherstellung eines solchen Umformers, auf den an dieser Stelle hingewiesen sei. Die Maße sind so errechnet, daß mit diesem Gleichrichter die Anodenbatterie zu laden ist.

Am einfachsten ist der elektrolytische Gleichrichter zu handhaben. Hier ist der Transformator so zu bemessen, daß die Klemmenspannung des Gleichrichters etwa 60 Volt höher ist als die Ladespannung; er wird also in den meisten Fällen fehlen können. Das auf S. 43 Gesagte dürfte die nötigen Aufschlüsse geben; die erforderliche kleine Stromstärke erhält man durch Vorschalten eines Lampenwiderstandes (16kerzige Metallfadenlampe).

4. Über Netzanschlußgeräte.

Die bisher behandelten Stromquellen bringen eine gewisse Unbequemlichkeit und Unsicherheit mit sich. Schon das Aufladen der Akkumulatoren ist sehr lästig, wenn keine passende Ladeeinrichtung zur Verfügung steht. In erhöhtem Maße treten die Schwierigkeiten bei den Anodenbatterien auf, die häufig, wenn sie aus Trockenelementen hergestellt sind, plötzlich den Dienst versagen, weil sie erschöpft sind. Da liegt nun die Frage nahe, ob es nicht auf jeden Fall am bequemsten und sichersten ist, als Stromquelle einfach das Lichtnetz zu benützen.

a) Für Gleichstrom.

Man sollte meinen, bei Gleichstromanschluß wäre das ohne weiteres möglich. Hier sind nun allerdings zwei Umstände in Betracht zu ziehen: 1. hat das Lichtnetz selten die erforderliche Spannung, 2. werden durch den Netzstrom allerlei Geräusche, sogenannte Netzgeräusche, in die Empfangseinrichtung hinein getragen, die den Empfang stören oder gar unmöglich machen.

Solche Geräusche kommen nicht nur durch die Kollektoren der in den Zentralen laufenden Generatoren und Umformer, sondern auch durch den Verbrauchsbetrieb im Netz selbst (Motoren, Einschaltung der Stromverbraucher usw.) hinein. Die Einrichtungen, die die Stromentnahme aus dem Netz selbst ermöglichen sollen, müssen also die Spannung auf ein richtiges Maß bringen und die Netzgeräusche beseitigen.

Abb. 57 zeigt das Schaltschema eines solchen Anschlußgerätes für Gleichstromnetze, *a* und *b* sind die Klemmen für den Anschluß des Netzes, und zwar *a* für den + - Pol. Beide Anschlüsse führen über zwei Sicherungen *c* und *d*, die nur 1 Amp. vertragen, zu dem doppelpoligen Drehschalter *e*. Von hier aus geht der — - Leiter über die Heizstromdrossel *f* zum — - Pol *g* des Heizfadens der ersten Röhre. Der + - Leiter führt über eine Reihe hintereinander geschalteter Widerstände *h*, *i*, *k*, die so bemessen sind, daß der hindurchfließende Strom gerade die Stärke des Heizstromes der Röhren hat, zum + - Pol *l* des Heizfadens. Der erste Widerstand *h* ist ein automatischer Stromregler (Eisenwasserstoffwiderstand). Er hat die Eigenschaft, für einen bestimmten Bereich bei sich ändernder Netzspannung dennoch ein und denselben Heizstrom durchzulassen, d. h. seinen Widerstand selbsttätig entsprechend einzustellen; und gewährleistet dadurch ein gleichmäßiges, wirtschaftliches und sicheres Arbeiten des Empfängers. Die Größe des einzusetzenden Eisenwiderstandes richtet sich nach den Netzspannungen (ob 110 oder 220 Volt). Die beiden festen Vorschaltwiderstände *i* und *k* tragen je eine Abgreifklemme *m* und *n*. Die Klemme *m* wird so eingestellt, daß der Heizstrom gerade die vorgeschriebene Größe hat, also so, daß bei 220 Volt Netzspannung und 0,56 Amp. Heizstrom beispielsweise der Gesamtwider-

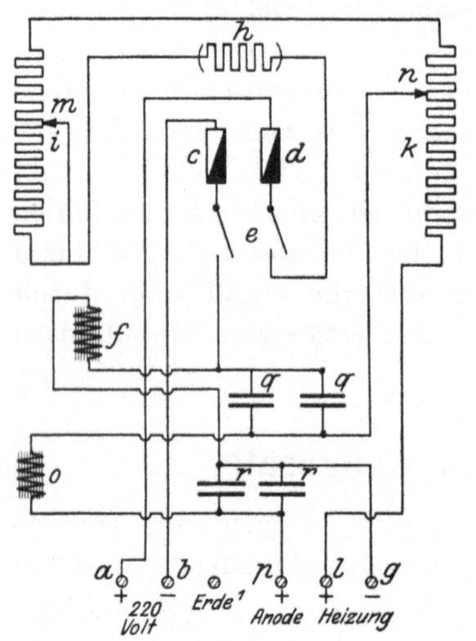

Abb. 57. Schaltschema eines Netzanschlußgeräts für Gleichstrom.

stand einschließlich des Widerstandes der Heizfäden $\frac{220}{0,56}$ Ohm beträgt. Bei 110 Volt Netzspannung wird daher eine große Anzahl von Windungen kurz geschlossen. Die Abgreifklemme *n* dient zur Einstellung der Anodenspannung (Potentiometeranordnung). Diese wird über die Anodenstromdrossel *o* zu der Anschlußklemme *p* geführt, wo die Anoden der Röhren anzuschließen sind. Zwischen —-Pol des Heizstromes und Anode liegen eine Reihe von Kondensatoren *q*, *r* hoher Kapazität ($q = 3$mal 8 M F, $r = 2$ M F). Den die Geräusche hervorrufenden Wechselspannungen, die der Gleichspannung des Netzes überlagert sind, sperren die Drosselspulen *f*, *o* den Zutritt, während sie durch die Kondensatoren *q* zum —-Pol des Netzes abfließen können. Die Kondensatoren *r* überbrücken die Anodenspannung und sollen verhindern, daß die Wechselstromkomponente des Anodenstromes, die im Empfänger durch die aufzunehmende Welle erzeugt wird, den Weg durch das Netz und die Drosselspulen nimmt.

Abb. 58. Netzanschlußgerät für Gleichstrom von Telefunken.

Wenngleich die Netzgeräusche durch die beschriebene Anordnung nicht ganz zu beseitigen sind, so werden sie immerhin auf ein erträgliches Maß herabgedrückt. Abb. 58 zeigt das von der Firma Telefunken gelieferte Netzanschlußgerät, dessen Einrichtung ganz der Skizze in Abb. 57 entspricht.

Zu der beschriebenen Anordnung ist noch zu bemerken, daß sämtliche Röhren in Reihe geschaltet werden müssen. Bei Parallelschaltung würde nach dem etwaigen Durchbrennen einer Röhre die Stromstärke in den anderen entsprechend wachsen und diese auch gefährden.

Will man nur die Anodenspannung aus dem Netz entnehmen, so kommt man mit wesentlich einfacheren Schaltungen aus, obwohl das dabei angewandte Prinzip dasselbe ist. Um die richtige Anodenspannung zu bekommen, verwendet man die Potentiometerschaltung: zwischen die beiden Pole der Lichtleitung wird ein Widerstand von etwa 5000—10000 Ohm geschaltet und nun die Anodenspannung abgezweigt. Beträgt die Netzspannung 220 Volt, so wird man bei 90 Volt Anodenspannung so abzweigen, daß zwischen den beiden Abzweigstellen auf dem Widerstandsdraht ein Widerstand von $\frac{90}{220}$ des Gesamtwiderstandes liegt. Auch Lampenwiderstände lassen sich für den Zweck verwenden, verbrauchen aber entsprechend mehr Strom. Um nun die Netzgeräusche fernzuhalten, verwendet man wieder eine Kombination von Drosselspulen und Kondensatoren. Die Schaltung gibt Abb. 59 wieder.

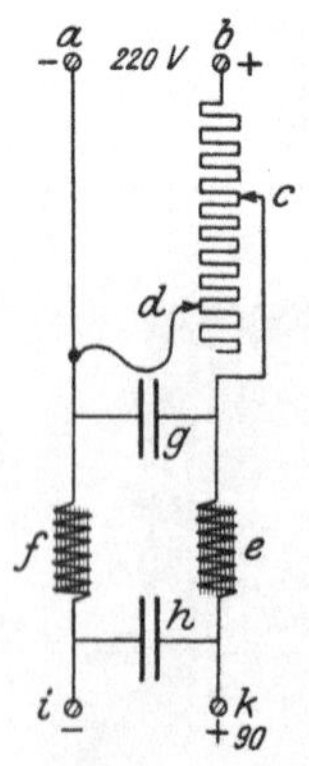

Abb. 59. Schaltung zur Entnahme des Anodenstromes aus dem Gleichstromnetz.

Der —-Pol a der Lichtleitung ist zugleich —-Pol des Anodenkreises[1]), der +-Pol b wird dem Verhältnis $\frac{E_a}{E}$, wo E_a die Anodenspannung, E die Netzspannung bedeutet, entsprechend abgezweigt. Zwischen —- und +-Pol des Anodenkreises sind dann die Kondensatoren g hoher Kapazität (mindestens 10 MF) gelegt, die den Wechselspannungen des Netzes Durchlaß gewähren. Die beiden Drosseln e, f versperren ihnen den Eintritt in den Empfänger, dessen Anodenkreis durch den Kondensator h (2 MF) überbrückt ist.

Es empfiehlt sich nicht, auch den Heizstrom aus dem Netz zu entnehmen, obwohl durchaus die Möglichkeit besteht, durch

[1]) So ist es in der Abbildung, es steht natürlich nichts im Wege, den +-Pol des Netzes als +-Pol des Anodenkreises zu wählen, wobei dann der +-Pol des Anodenkreises entsprechend abzuzweigen wäre, oder auch beide Pole des Anodenkreises auf dem Potentiometerwiderstand abzunehmen. Es sind hierfür lediglich praktische Gesichtspunkte entscheidend; man überzeuge sich vor allem, ob ein Pol der Lichtleitung geerdet ist, und ob dadurch bei der beabsichtigten Schaltung auch Kurzschluß hervorgerufen werden kann.

Einschalten der erforderlichen Widerstände den Heizstrom auf das richtige Maß herabzudrücken. Man ist dann schon gezwungen, die Röhren in die Reihe zu schalten, also zu der in Abb. 57 angegebenen Schaltung überzugehen, da bei Parallelschaltung im Falle des Durchbrennens einer Röhre die anderen Röhren mitgefährdet sind.

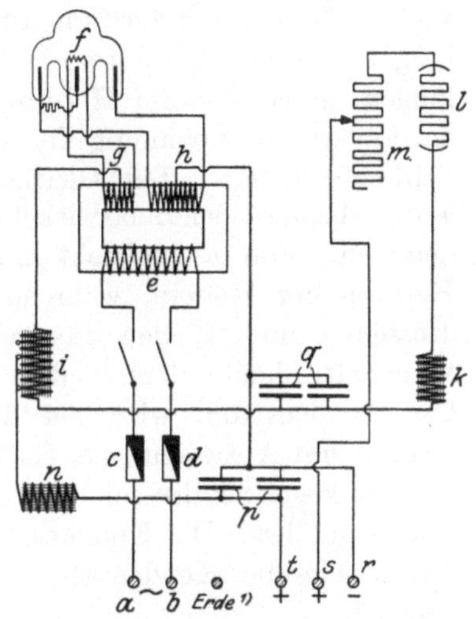

Abb. 60. Schaltung eines Netzanschlußgeräts für Wechselstrom.

[1]) Anschluß für die Montageplatte.

b) Für Wechselstrom.

Soll das Wechselstromnetz als Stromquelle dienen, so kommt außer der Erniedrigung der Spannung und der Reinigung von den Geräuschen noch die Gleichrichtung des Wechselstromes in Frage. Der Gleichrichter besteht gewöhnlich aus einer eine Edelgasfüllung enthaltenden Glasbirne mit Glühkathode, einer Zündelektrode und zwei Anoden. Für die Anode ist an jede Seite der Glasbirne ein Glasarm angeschmolzen.

Abb. 61. Netzanschlußgerät für Wechselstrom von Telefunken.

Das in Abb. 60 angegebene Schaltschema zeigt die Anordnung der einzelnen Teile. Bei *a* und *b* wird die Wechselspannung zugeführt und über zwei Sicherungen *c* und *d* und den doppelpoligen Drehschalter zu der unterteilten Primärwickelung *e* des Transformators geführt. Die Sekundärwickelung dieses Transformators besteht aus zwei getrennten Wickelungen, deren eine der Heizung der Glühkathode dient, während die andere die Spannung für die beiden Anoden des Gleichrichters *f* liefert. Der Gleichstrom wird den Punkten *g* und *h* der beiden Sekundärwickelungen des Transformators entnommen. Von *h* aus geht eine Verbindung zum —-Pol der Heizung der Röhren, während *g* über die beiden Heizstromdrosseln *i* und *k*, den Eisenwiderstand *l* (s. S. 58) und den Vorschaltwiderstand *m* zu dem anderen Pol der Heizung führt. Der Anodenstrom wird bei der Drosselspule *i*, die zu dem Zwecke mit Abzweigungen versehen ist, abgestöpselt und über die Anodenstromdrossel *n* zu der Anschlußklemme *t* der Anode geführt. Die Kondensatoren *p* und *q* dienen demselben Zweck wie die Kondensatoren *q* und *r* in der Anordnung in Abb. 57.

Abb. 61 zeigt das nach dem Schema in Abb. 60 geschaltete Anschlußgerät der Telefunken.

Auch bei dieser Anordnung sind die Heizfäden sämtlicher zum Empfang verwandter Röhren hintereinander zu schalten. Will man nur die Anodenspannung aus dem Wechselstromnetz nehmen, wozu wir aber wegen der starken, nie ganz zu beseitigenden Geräusche nicht raten möchten, so kann man eine der auf S. 35ff. beschriebenen Gleichrichteranordnungen in Kombination mit dem auf S. 60 beschriebenen Anschlußgerät für den Anodenstrom verwenden.

5. Tabellen.

I. Spezifisches Gewicht und Baumé-Grade der verdünnten Schwefelsäure bei 18° Celsius, bezogen auf Wasser von 4°.

0	5	10	15	20	25	30	35	40	45	50	60	100
1	1,03	1,07	1,10	1,14	1,18	1,22	1,26	1,30	1,35	1,40	1,50	1,83
0	6	10	14	18,5	22,5	26,3	30.2	34	38	41,8	47,6	66

Hier bedeutet die obere Reihe den Prozentgehalt, d. i. die in 100 Gewichtsteilen der Lösung enthaltenen Gewichtsteile der wasserfreien Schwefelsäure. In der zweiten Reihe stehen die entsprechenden spezifischen Gewichte, in der dritten die Grade nach Baumé.

II. Elemente der Akkumulatoren-Fabrik Aktiengesellschaft, Abt. Varta, Berlin SW 11.

Elemente in Glasgefäßen mit Masseplatten.

Type	Kapazität in Amp.-Std.: bei ununterbrochener langsamer Entladung	mit Amp.	bei 10stünd. Entladung ununterbrochen	mit Amp.	Maximaler Ladestrom Amp.	Außenmaße der Glasgefäße in mm: lang	breit	hoch	Gewicht des Elem. ca. kg	der Säure ca. kg
L $1/4$	8,6	0,02	3,5	0,35	0,35	51	72	115	0,85	0,18
L $1/2$	14	0,03	6,5	0,65	0,65	51	74	170	1,30	0,30
L 1	27	0,05	12	1,2	1,2	53	123	180	2,30	0,52
L 2	54	0,10	24	2,4	2,4	83	123	180	3,60	0,94
L 3	81	0,15	36	3,6	3,6	113	123	180	4,60	1,34
Mn 2	160	0,30	66	6,6	6,6	104	188	230	8,10	2,32
Mn 3	235	0,50	100	10	10	141	188	230	11,10	3,30

III. Heizbatterien der Akkumulatoren-Fabrik Aktiengesellschaft, Abt. Varta, Berlin SW 11.

Batterien aus Elementen mit Masseplatten in Rippenglasgefäßen.

Type	Kapazität in Amp.-Std.: bei tägl. 1 stünd. Entldg. ca.	mit Amp.	Benutzungsdauer in Stunden bei Belastung täglich 1 Stunde mit: 1 Röhre =0,6A	2 Röhren =1,2A	4 Röhren =2,4A	Maximaler Ladestrom Amp.	Außenmaße des Holzkastens in mm: lang	breit	hoch	Gewicht der Batterie kg	der Säure kg
					6 Volt						
3 Le 1	18 16	0,6 1,2	30	13	—	1,2	202	151	222	9,2	1,55
3 Le 2	40 36 32	0,6 1,2 2,4	67	30	13	2,4	289	151	222	13,4	2,80
3 Le 3	65 60 55	0,6 1,2 2,4	110	50	23	3,6	412	177	222	19,6	4,02
					4 Volt						
2 Le 1	18 16	0,6 1,2	30	13	—	1,2	142	151	222	6,5	1,03
2 Le 2	40 36 32	0,6 1,2 2,4	67	30	13	2,4	202	151	222	9,3	1,87
2 Le 3	65 60 55	0,6 1,2 2,4	110	50	23	3,6	279	151	222	12,7	2,68

IV. Elemente der Akkumulatorenfabrik System Pfalzgraf, Berlin N 4.

Elemente mit Masseplatten für schwache Entladung.

Typ	Spannung in Volt	Kapazität bei 10 stdg. Entldg. i. Amp.-Std.	Kapazität schwache Entladung Amp.-Std.	Kapazität schwache Entladung bei Ampere	Höchst zulässige Belastung in Amp.	Außenmaße in mm lang	Außenmaße in mm breit	Außenmaße in mm hoch	Gewicht in kg des ungefüllten Elements	Gewicht in kg der Säure
			in Rippenglasgefäßen							
BM 1/2	2	13	28	0,05	1,3	51	127	195	2,3	0,5
BM I	2	24	54	0,10	2,4	75	125	230	3,7	0,8
BM II	2	48	110	0,15	4,8	117	125	230	5,2	1,9
BM III	2	72	175	0,30	7,2	159	125	230	7,5	2,7
BM IV	2	96	225	0,50	9,6	201	125	230	10,9	3,5
BM 1/4/4	4	13	28	0,05	1,3	94	127	195	4,2	1,06

Elemente mit Rapidplatten für starke Entladung.

Typ	Kapazität in Amp.-Std.	Bei Entladung in Stunden	Bei Entladung mit Ampere	Höchste Belastung in Ampere	Außenmaß des Glasgefäßes in mm lang	breit	hoch †	Gewicht in kg der Zelle	Gewicht in kg der Säure
R I	10	3	3,3	3,3	75	125	205	3,9	0,85
	12	5	2,4						
	14	10	1,4						
R II	20	3	6,6	6,5	117	125	205	5,5	1,9
	24	5	4,8						
	28	10	2,8						
R III	30	3	9,9	10,0	159	125	205	7,9	2,7
	36	5	7,2						
	42	10	4,2						
R IV	40	3	13,3	13,0	201	125	205	10,5	3,5
	48	5	9,6						
	56	10	5,6						

V. Elemente der Gottfried Hagen A.-G., Köln-Calk.

Elemente mit Gitterplatten.

Bestell-Nr.	Type	Kapazität in Amperestunden bei 10stündiger Entladung	Ladestrom Ampere	Außenmaße in mm Länge	Breite	Höhe mit Pol	Gewicht in kg Zelle	Gewicht in kg Säure
*100	VGH 1/4	1,5	0,3	30	52	110	0,27	0,03
101	VGH 1/2	3,5	0,5	73	47	140	0,77	0,11
102	VGH	7	1	72	45	195	1,15	0,22
103	GH 3	10	1,6	72	42	195	1,62	0,23

(Fortsetzung von Seite 64.)

Bestell-Nr.	Type	Kapazität in Amperestunden bei 10stündiger Entladung	Ladestrom	Außenmaße in mm			Gewicht in kg	
			Ampere	Länge	Breite	Höhe mit Pol	Zelle	Säure
104	H 1 E	13	2	125	50	200	2,12	0,43
105	GH 5	20	3,5	94	74	195	2,50	0,45
106	H 2 E	27	4,5	125	80	200	3,55	0,80
107	GH 7	30	5	90	95	200	3,35	0,85

Von diesen Elementen eignen sich die letzten vier zur Zusammenstellung zu Heizbatterien. Solche Batterien werden von der Firma in Kästen eingebaut geliefert.

VI. Nickel-Eisen-Akkumulatoren, geliefert von den physikalischen Werkstätten, Göttingen.

Type	Kapazität	Dimensionen in mm			Gewicht in kg	Entladestrom Amp.	
		Länge	Breite	Höhe		normal	maximal
Nife 10	10 Ampst.	60	120	170	0,9	1,25	10
Nife 15	15 „	75	120	170	1,2	1,9	15
Nife 22	22 „	60	150	225	1,6	2,75	22
Nife 45	22 „	90	150	225	2,9	5,6	45

VII. Wattverbrauch der einzelnen Lampen für eine Kerzenstärke.

Kohlefadenlampe, alte Edison	4,5 Watt
Kohlefadenlampe, Sparlampe	2,5 „
Wolfram- und Osramlampe	1,0 „
Halbwattlampe	0,5 „
Bogenlampe	0,5—0,8 „

VIII. Lampenwiderstände.

Ohmscher Widerstand einer 3 Watt-Kohlefadenlampe.

	a) für 110 Volt	b) für 220 Volt
10 kerzig	400 Ohm	1600 Ohm
16 „	245 „	980 „
25 „	170 „	680 „
32 „	130 „	520 „

Ohmscher Widerstand einer Osramlampe.

	a) für 110 Volt	b) für 220 Volt
16 kerzig	600 Ohm	2400 Ohm
32 „	300 „	1200 „

IX. Spannungstabellen für die Belastung der elektrolytischen Gleichrichter.

a) für eine Einzellenanordnung.

Gleichspannung Volt	Gleichstrom in Ampere			
	0,5	1,0	1,5	2,0
2	18	24	28	33
5	22	28	32	36[1]
10	28	35	41[1]	47[1]

b) für eine Vierzellenanordnung.

Gleichspannung Volt	Gleichstrom in Ampere				
	0,5	1,0	2,0	3,0	4,0
5	20	24	33	41	50
10	24	30	38	46	54[1]
15	30	36	44	52	59[1]
20	37	43	51	58[1]	64[1]

Die in den Tabellen angegebenen Gleichspannungs- und Gleichstromwerte kann man entnehmen, wenn man die Wechselspannung auf die zugehörigen Beträge heruntertransformiert.

X. Dimensionen, Gewicht und Leistung der Phywe Gleichrichter.

Type	Wechsel-strom	Länge	Breite	Höhe	Gewicht	Max.-Gleichstr.-Leist., dauernd		
	Volt	cm	cm	cm	kg	Ampere	Volt	Watt
G 1	30	12	12	18	0,6	1	15	15
G 2	30	14	14	30	1,4	2	15	30
G 3	120	24	9,5	19	1,8	0,5	10	5
G 4	220	24	9,5	19	1,8	0,5	10	5
G 5	60	35	25	18	4,8	2	30	50
G 6	60	35	25	30	7,1	4	30	100
G 7	120	37	30	26	11,8	2	30	50
G 8	220	37	30	26	11,8	2	30	50
G 9	120	36	30	34	14	4	30	100
G 10	220	36	30	34	14	4	30	100

[1]) Im Dauerbetrieb nicht zulässig.

XI. Dimensionen, Gewicht und Leistung der Phywe Transformatoren.

Type	Wechselstrom Volt primär	Länge cm	Breite cm	Höhe cm	Gewicht kg	Wechselstrom, sekundär Volt	Ampere
T 1	120	13	9	6	0,7	30	0,5
T 2	220	13	9	6	0,7	30	0,5
T 3	120	20	18	13	3,6	10, 20, 30, 40, 50	3
T 4	220	20	18	13	5,3	10, 20, 30, 40, 50	3
T 5	120	20	18	13	3,6	10, 20, 30, 40, 50	5
T 6	220	20	18	13	5,3	10, 20, 30, 40, 50	5
T 7	120	24	20	28	7,5	20—60	5
T 8	220	24	20	28	9	20—60	5

XII. Hellesen-Trockenelemente der Firma Siemens & Halske A.-G.

V ~ 1,5 Volt pro Zelle.

Type	Ungefährer innerer Widerstand	Grundfläche mm²	Höhe mm
T 1	0,10 Ohm	100 × 100	197
T 2	0,15 „	76 × 76	182
T 3	0,20 „	63 × 63	155
T 4	0,20 „	57 × 57	122
T 5	0,25 „	38 × 38	112
T 6	0,35 „	32 × 32	83
T 7	0,15 „	90 × 45	165

XIII. Anoden-Batterien der Akkumulatoren-Fabrik Aktiengesellschaft, Abt. Varta, Berlin SW 11,

aus Elementen mit Masseplatten in fünfteiligen Hartgummigefäßen.

Type	Spannung Volt	Maximale Leistung bei unterbrochener Entladung mit einigen Milliamp. ca. Stunden	Maximaler Ladestrom Amp.	Außenmaße des Holzkastens in mm lang	breit	hoch	Gewicht der Batterie ca. kg	Gewicht der Säure ca. kg
15 Qh	30	600	0,14	210	150	149	4,43	0,70
20 Qh	40			265	150	149	5,74	0,93
25 Qh	50			325	150	149	6,99	1,16
30 Qh	60			375	150	149	8,40	1,39
40 Qh	80			265	265	149	10,81	1,85

XIV. Anoden-Batterien der Akkumulatorenfabrik System Pfalzgraf, Berlin N 4.

Type	Spannung in Volt	Kapazität	Höchst zulässige Belastung in Ampere	Außenmaße des Holzkastens in mm			Gewicht in kg	
				lang	breit	hoch		
6 L/4	24	1,2 Ampere-Stunden bei 30 Milli-Amp. Stromentnahme	150 Milli-Ampere	275	145	145	5,0	0,4
12 L/4	48			480	150	155	8,2	0,8
15 L/4	60			385	185	155	10,7	1,0
24 L/4	96			480	250	155	17,3	1,6

Der Strom kann von 4 zu 4 Volt abgeklemmt werden; zu diesem Zwecke wird jeder Anodenbatterie eine Wanderklemme mit isolierter Schraube beigegeben.

XV. Anoden-Batterien von Gottfried Hagen A.-G., Köln-Calk,

zusammengestellt aus Zelle Nr. 100, Type VGH in Tabelle V.

Type	Spannung	Kapazität in Amp.-Stunden b. 10stündiger Entladung	Ladestrom	Gewicht in kg	
				Zelle	Säure
23	46 Volt	1,5	0,3	6,5	0,69
[illegible]	[illegible] ,,	1,5	0,3	7	0,75
30 100	69 ,,	1,5	0,3	8,2	0,9
40	80 ,,	1,5	0,3	11	1,2

XVI. Anoden-Batterien der H. F. Akkulumatorenfabrik, Berlin NO 18

(20 Volt in Glasgefäßen, zu 40—80 Volt in Holzkasten eingebaut)

Type	Volt	Kapazität bei unterbrochener Entladung in 5 Milliampere	Außenmaße der Batterie in mm			Gewicht der Batterie
			lang	breit	hoch	kg
Rag 4	40	3 Amperestd.	220	128	95	3,00
Rag 6	60	3 Amperestd.	220	175	95	4,25
Rag 8	80	3 Amperestd.	220	128	175	5,60

Namen- und Sachverzeichnis.

Die Errichtung und der Betrieb von Funksende- und Funkempfangseinrichtungen in Deutschland sind ohne Genehmigung der Reichstelegraphenverwaltung verboten und strafbar.

Die Errichtung und der Betrieb von Funksende- und Funkempfangseinrichtungen in Deutschland sind ohne Genehmigung der Reichstelegraphenverwaltung verboten und strafbar.

Die Errichtung und der Betrieb von Funksende- und Funkempfangseinrichtungen in Deutschland sind ohne Genehmigung der Reichstelegraphenverwaltung verboten und strafbar.

Die Errichtung und der Betrieb von Funksende- und Funkempfangseinrichtungen in Deutschland sind ohne Genehmigung der Reichstelegraphenverwaltung verboten und strafbar.

Die Errichtung und der Betrieb von Funksende- und Funkempfangseinrichtungen in Deutschland sind ohne Genehmigung der Reichstelegraphenverwaltung verboten und strafbar.

Die Errichtung und der Betrieb von Funksende- und Funkempfangseinrichtungen in Deutschland sind ohne Genehmigung der Reichstelegraphenverwaltung verboten und strafbar.

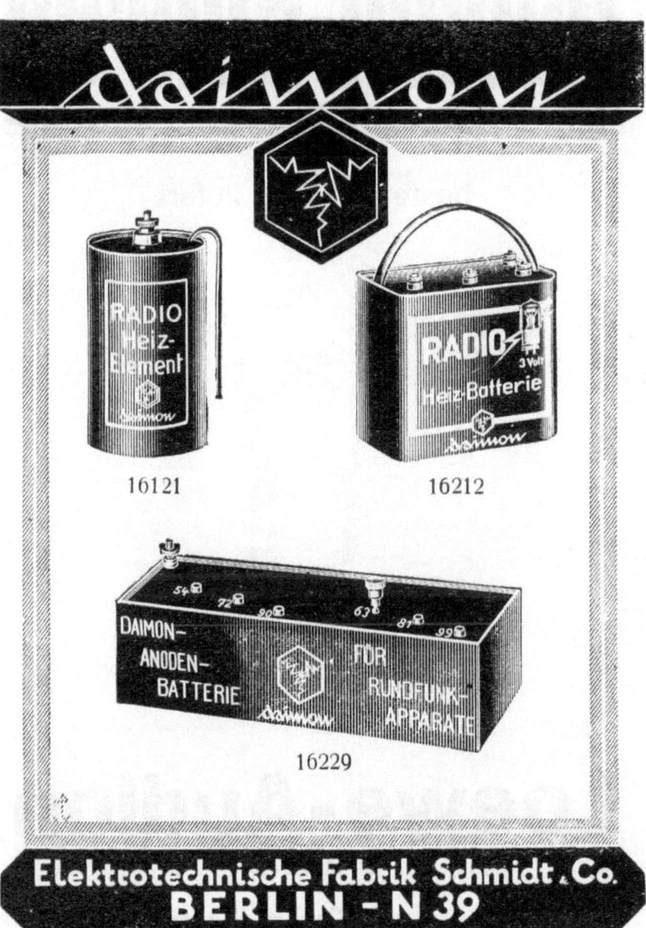

Die Errichtung und der Betrieb von Funksende- und Funkempfangseinrichtungen in Deutschland sind ohne Genehmigung der Reichstelegraphenverwaltung verboten und strafbar.

Die Errichtung und der Betrieb von Funksende- und Funkempfangseinrichtungen in Deutschland sind ohne Genehmigung der Reichstelegraphenverwaltung verboten und strafbar.

Die Errichtung und der Betrieb von Funksende- und Funkempfangseinrichtungen in Deutschland sind ohne Genehmigung der Reichstelegraphenverwaltung verboten und strafbar.

Die Errichtung und der Betrieb von Funksende- und Funkempfangseinrichtungen in Deutschland sind ohne Genehmigung der Reichstelegraphenverwaltung verboten und strafbar.

Die Errichtung und der Betrieb von Funksende- und Funkempfangseinrichtungen in Deutschland sind ohne Genehmigung der Reichstelegraphenverwaltung verboten und strafbar.

Die Errichtung und der Betrieb von Funksende- und Funkempfangseinrichtungen in Deutschland sind ohne Genehmigung der Reichstelegraphenverwaltung verboten und strafbar.

Die Errichtung und der Betrieb von Funksende- und Funkempfangseinrichtungen in Deutschland sind ohne Genehmigung der Reichstelegraphenverwaltung verboten und strafbar

Die Errichtung und der Betrieb von Funksende- und Funkempfangseinrichtungen in Deutschland sind ohne Genehmigung der Reichstelegraphenverwaltung verboten und strafbar.

Die Errichtung und der Betrieb von Funksende- und Funkempfangseinrichtungen in Deutschland sind ohne Genehmigung der Reichstelegraphenverwaltung verboten und strafbar.

Die Errichtung und der Betrieb von Funksende- und Funkempfangseinrichtungen in Deutschland sind ohne Genehmigung der Reichstelegraphenverwaltung verboten und strafbar.

Die Errichtung und der Betrieb von Funksende- und Funkempfangseinrichtungen in Deutschland sind ohne Genehmigung der Reichstelegraphenverwaltung verboten und strafbar.